A
c
b
X
a
Z

MÉMOIRE

POUR SERVIR DE PARALLELE

ENTRE

LE CHAPELET ORDINAIRE

ET

LA CHAINE ASPIRANTE

LU ET APPROUVÉ PAR LA SOCIÉTÉ D'AGRICULTURE

DE TURIN

Dans sa Séance du 4 Juillet 1812.

PAR JOSEPH CASTELLANO

DOCTEUR AGRÉGÉ EN MATHÉMATIQUES,

MEMBRE DE LA SOCIÉTÉ.

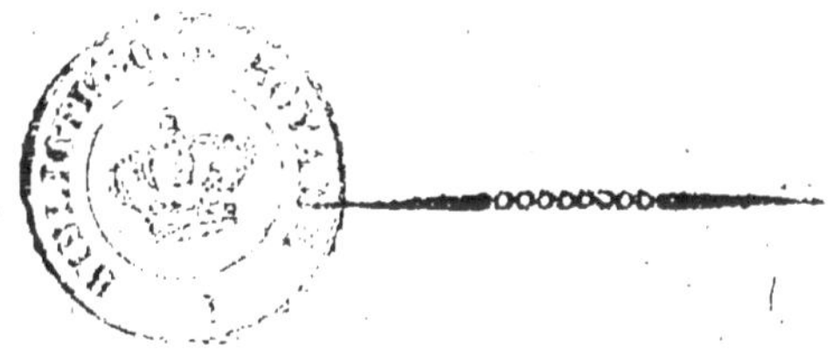

TURIN MDCCCXII.

CHEZ FÉLIX GALLETTI IMPRIMEUR DE L'ACADÉMIE

IMPÉRIALE DES SCIENCES ETC.

A MESSIEURS

LE DIRECTEUR ET MEMBRES

COMPOSANT LA SOCIÉTÉ D'AGRICULTURE.

Dans les diverses époques de la vie j'ai senti le bonheur d'être né dans un pays agricole; mais ayant entrepris la carrière des sciences mathématiques, et l'hydraulique ayant fixé mon attention d'une manière particulière, à mesure que les services que je pouvais rendre à ma patrie se présentaient à mon esprit, je me flattais de l'espoir de trouver un jour dans le résultat de mes travaux la meilleure récompense pour mes études.

De toutes les parties de l'agriculture, la plus difficile, et en même temps la plus intéressante, est celle des irrigations.

Le Piémont offre l'exemple d'un systéme, pour les arrosages, qui mériterait d'être suivi dans les autres contrées de l'Empire *. Soit les déri-

---

* Les Piémontais et les Milanais furent les premiers qui profitèrent des irrigations; chaque morceau de terre du Piémont susceptible d'arrosement fut ar-

4

vations et l'entretien des canaux, soit l'administration et la distribution des eaux, se trouvent faites de manière à remplir le but de l'agriculture, les vues du Gouvernement et les intérêts des particuliers. Mais quelles que soient les facilités pour conduire les eaux, souvent on a besoin de les élever de leur niveau pour les utiliser.

---

rangé de manière à rapporter le plus de fruit à son propriétaire. Il est agréable de voir comment ces mêmes rivières qui dévastent la plaine entre Chivas et Turin, se laissent diviser en petits ruisseaux pour l'amélioration des terres; et peu après, en parlant du Ges et de la Sture; *ces mêmes rivières contribuent considérablement a la fertilité générale de cette partie du Piémont. (Symonds , Professeur d'histoire moderne à l'université de Cambridge. Voyage en Italie).*

Cet auteur prétend que c'est aux Croisades que nous devons le systême de dériver les eaux des rivières ; systême qui, selon lui, cessa après la destruction de l'empire des Goths; cependant les observations mêmes faites par cet auteur lui devaient persuader le contraire ; car il assure que le Piémont , sans la ressource des irrigations, serait affreusement aride.

Jacques Durando , qui porta un si grand jour dans l'histoire et la géographie ancienne de cette partie de l'Italie , dans ses notices sur le Piémont Transpadan, en parlant des canaux d'irrigation dérivés du Pô, il dit qu'ils sont aussi anciens que la population de ces

J'ai eu le bonheur de réunir dans un appareil fort simple les deux diverses combinaisons de la pompe aspirante et de la machine à chapelet. Le double résultat de la Chaîne aspirante, rendu encore plus avantageux par l'effet de la Barque dérivatoire, a satisfait mon attente, dès qu'il a pu être honoré de votre approbation. Vous avez ordonné l'impression de mon mémoire; vous avez témoigné le désir de voir ma machine s'exécuter en grand, et vous avez eu soin de communiquer au premier Magistrat du département toute la suite de mes travaux.

Cependant plusieurs doutes se sont élevés sur les propriétés de cette machine, qu'on prétendrait

contrées, qu'on n'aurait pas pu autrement soustraire à la stérilité.

J'ajouterai encore que la plus grande partie des documens rapportés par cet auteur, relatifs à des donations faites bien antérieurement à l'époque des Croisades par les Empereurs et autres Princes, font mention du droit de dériver les eaux. Il est donc incontestable que l'usage des dérivations ne discontinua jamais en Piémont, car sans les irrigations il aurait été stérile et n'aurait pas invité les hordes de barbares qui s'en disputèrent pendant plusieurs siècles la jouissance.

confondre avec le Chapelet ordinaire. J'ai exposé dans cet écrit la nature de la Chaîne aspirante, et ses propriétés sont mises en plein jour comparativement au Chapelet.

C'est de ce travail qui obtint votre suffrage et qui dissipera, j'espère, tous ces doutes, dont je viens aujourd'hui vous faire hommage; il vous appartient à plus d'un titre. C'est votre exemple qui m'a toujours servi de guide dans mes occupations agricoles; et à travers les obstacles que j'ai dû surmonter et au milieu des peines que j'ai dû éprouver, la pensée de mériter votre estime et l'espoir d'obtenir votre approbation m'ont donné l'impulsion la plus forte.

Après les encouragemens que vous m'avez offert, vous ne sauriez m'en donner un plus puissant, que d'accueillir mon mémoire comme un gage de mon estime et de mon parfait dévouement.

J'ai l'honneur d'être avec la considération la plus distinguée,

Votre très-humble et très-obéissant
Serviteur et Collègue
JOSEPH CASTELLANO.

MESSIEURS ET RESPECTABLES COLLÈGUES,

Les philosophes se plaignirent toujours des difficultés qu'on éprouve à déraciner les préjugés qui sont le partage de la plus grande partie des hommes. Parmi ces travers de l'esprit humain, ceux qui ont rapport au physique, présentent, peut-être, moins de difficultés à surmonter que ceux qui tiennent au moral; mais ce qu'il y a de plus humiliant pour l'espèce humaine, c'est que ceux mêmes qui ne s'occupent que de la recherche de la vérité dans les sciences et dans les arts, ne puissent pas toujours se garantir de cette prévention d'esprit si fatale au progrès des sciences.

On a un grand nombre de preuves de cette vérité, sur-tout dans la physique. Cette science qui apprit aux hommes à faire parler la nature, dut retarder sa marche entravée par des systêmes forgés par l'imagination et consacrés par des écoles célèbres.

8

Cette prévention d'esprit ne naîtrait-elle pas d'une espèce d'orgueil de l'homme qui, ou se sent blessé, humilié par les conceptions d'un autre, ou qui le porte à accueillir de préférence et avec enthousiasme les inventions compliquées parce qu'elles excitent davantage son admiration, et qui ordinairement par cette cause même ne sont point adoptées, dédaigne et fait peu d'attention aux inventions qui présentent trop de simplicité ? Cependant on observe constamment que la société retire de ces dernières bien plus d'avantage. Pour se pénétrer de cette vérité, l'on n'a qu'à porter ses regards sur les machines les plus nécessaires, et dont les hommes font le plus d'usage.

Dans la partie hydraulique il n'y a point de machines plus ingénieuses que la pompe à feu et le Bélier hydraulique ; toutefois ces deux machines ne procurent pas à la société les avantages qu'elle retire des pompes ordinaires. (*Rapport du Jury de l'Institut Impérial pour le 5.me grand prix décennal*). Elles ne seront jamais généralement adoptées, la première à cause de la dépense et des frais d'entretien, et la seconde parce qu'elle parviendra difficilement à donner des quantités d'eau suffisanres aux besoins des arts et de l'agriculture.

Nous vivons, il est vrai, à une époque, à laquelle le principal guide des savans est l'expérience, qui avec son flambeau les éclaire pour découvrir les secrets les plus cachés et les plus utiles de la nature ; cependant quelquefois on se laisse encore entraîner par les principes généralement reçus sans les constater, jusqu'à les opposer à ceux qui sont confirmés par l'expérience. En effet, sans être philosophe, je suis dans le cas de me plaindre de cette preoccupation et des obstacles que les idées simples rencontrent à être reçues. Ayant proposé une nouvelle machine hydraulique, que j'appelle *Chaîne aspirante,* on voudrait la confondre avec le *Chapelet ordinaire,* à cause de sa ressemblance avec cette machine, quoique d'une nature très-différente.

Vingt-sept mois d'expérience m'apprirent les avantages de cette nouvelle machine, non seulement sur le *Chapelet ordinaire,* dont *ingens est affrictus,* mais aussi sur toutes les autres machines hydrauliques dont la société se sert ordinairement dans ses différens besoins ; et les propriétés théoriques que j'y ai remarquées, correspondent exactement à celles que j'ai observées dans la pratique de cette machine, exécutée en grand; toutefois on persiste à nier sans examen et à contester sans opposer des faits à mes expériences; mais comme il n'est pas possible de démentir les lois de la nature, je vais rapporter strictement le résultat de ce qu'elles m'apprirent, et que chacun pourra reconnaître; c'est alors qu'on sera en état de juger si les propriétés de la *Chaîne aspirante* sont assez importantes pour mériter l'attention des savans.

Je proteste qu'aucune espèce d'aigreur n'anime ma plume; la seule envie de faire connaître une machine utile est mon but, et comme ceux, auxquels j'ai l'honneur d'adresser la parole, ne cherchent qu'à découvrir la vérité, j'ai lieu d'espérer qu'ils ne confondront pas la *Chaîne aspirante* avec le *Chapelet ordinaire* avant de la bien connaître.

Ces Messieurs me permettront qu'avec tout le respect je leur présente le résultat de mes expériences et de mes observations, et je ne doute aucunement qu'après les avoir pesées dans leur sagesse, ils ne reconnaissent la vérité de ce que j'avance.

On prétendrait que la *Chaîne aspirante*, que

j'ai proposée à ce Corps distingué comme une nouvelle machine hydraulique pour élever des quantités considérables d'eau à une hauteur indéterminée, *ne présente rien de nouveau*, et qu'elle ne soit que le *Chapelet ordinaire connu depuis des siècles*, soit à cause de la ressemblance mécanique de ces deux machines, soit particulièrement, *parce que la puissance requise n'est pas moins chargée de tout le poids de la colonne d'eau à soulever, quoique ce soit l'atmosphère qui force l'eau de s'élever.*

Je serais responsable envers la société, si je ne détruisais cette erreur, et envers vous, Messieurs et respectables Collègues, de vous avoir proposé comme nouvelle, une machine très-ancienne ; ma tâche m'impose donc de démontrer qu'on se méprend de beaucoup, et que ces deux machines, quoique matériellement semblables, donnent pourtant des résultats très-différens, à cause de la différence du principe par lequel elles agissent.

La *Chaîne aspirante*, telle que je l'ai proposée et faite exécuter en plusieurs endroits en remplacement des pompes, est semblable, quant au mécanisme, au *Chapelet ordinaire*, mais étant aspirante, les grains ou disques, loin d'être si nombreux et aussi peu éloignés, comme dans celui-ci, peuvent se trouver jusqu'à la distance de 10 mètres 3 décimètres entr'eux (*pieds de Paris* 31 2\|3), en conséquence l'eau monte dans le tube en force de la pression atmosphérique jusqu'à cette hauteur à cause du vide formé par les disques, qui font l'office de piston, et cette hauteur de 10 mètres 3 décimètres peut s'augmenter indéfiniment, au moyen d'autant de colonnes partielles.

En effet, si on opère le vide dans un tube d'un diamètre quelconque, plongé dans l'eau par son bout inférieur, l'eau comprimée par la pression atmosphérique extérieure s'y élève jusqu'à la hauteur de 10 mètres 3 décimètres. Mais après cette aspiration, il s'agit de tirer parti de la masse d'eau contenue dans le tube.

Pour parvenir à ce but, il faut empêcher que cette force même qui l'a élevée, ne la fasse pas retomber, ou bien, on doit la soutenir, l'élever et répéter en même temps l'aspiration pour avoir un jet continu.

On obtiendra ce résultat en introduisant dans le tube, après la première aspiration, un corps capable de soutenir la colonne d'eau, de l'élever et de répéter en même temps l'aspiration.

Une chaîne sans fin , enfilée de disques d'un diamètre suffisant pour faire le vide , et dont le *maximum* de la distance serait de 10 mètres 3 décimètres , laquelle tournerait dans le tube comme dans le *Chapelet ordinaire* , peut satisfaire entièrement aux conditions de ce problême.

C'est ce raisonnement qui m'a conduit à la combinaison de la *Chaîne aspirante*, et qui me fit tomber , sans m'en apercevoir, dans le mécanisme du *Chapelet ordinaire*.

Le 15 juin 1810 , je fis ma première expérience avec un tube de cristal enfilé d'une corde sans fin , armée de trois bouchons de coton *.

Ainsi , soit A B un tube vertical ou incliné (*voyez la figure*) d'une hauteur indéterminée et d'un diamètre intérieur uniforme , dont le

---

* Ce même jour ayant observé dix-huit hommes employés à faire jouer un *Chapelet* incliné , élevant une petite quantité d'eau avec un jet intermittent à une hauteur bien peu considérable , je me retirai chez-moi en rêvant aux moyens d'élever l'eau par la pression atmosphérique d'une manière plus simple et plus facile qu'avec les pompes ordinaires.

bout inférieur soit plongé sous la surface de l'eau X Z, si un disque *a* d'un diamètre égal à celui du tube est posé sur la surface de l'eau, il n'y a point de doute qu'en l'élevant verticalement au tube, l'eau le suivra jusqu'en *b* à la hauteur de 10 mètres 3 décimètres de la surface X Z.

La puissance requise pour élever le disque *a* en *b*, abstraction faite du frottement, est infiniment petite, puisqu'elle n'est que celle capable de rompre l'équilibre existant entre les deux colonnes atmosphériques, intérieure et extérieure au tube ; car il est évident que l'effort fait par le poids de la colonne extérieure pour faire monter l'eau dans le tube est égal à celui fait par la colonne intérieure qui pose sur le disque pour l'empêcher.

Ce principe, qui d'après l'expérience peut, dans quelque circonstance, être en défaut, est entièrement vrai pour la *Chaîne aspirante*, comme on le verra plus bas.

Or la vitesse avec laquelle l'eau tend à monter dans le tube au premier instant que l'équilibre est rompu, doit être égale à celle qui compète à un corps qui tomberait de la hauteur de 10 mètres 3 décimètres, ou soit au poids de toute la colonne atmosphérique extérieure. Cette vitesse décroissant ensuite progressivement se réduit à zéro à la hauteur de 10 mètres 3 décimètres.

La première aspiration étant faite, si un second disque vient remplacer le premier en a, une force égale au poids de la colonne ab aspirée, jointe à une force infiniment petite, élevera le second disque, qui pendant son mouvement d'ascension aspirera une nouvelle colonne d'eau, en élevant la première ab aspirée par le disque qui est en b et fera passer le premier en c et le second en b.

Si un troisième disque etc.

Or, d'après cet exposé, il est évident qu'on a un *maximum* et un *minimum* de résistance ; car depuis le principe de l'aspiration, qui est l'instant qui correspond au *maximum*, on doit élever toutes les colonnes partielles d'eau contenues dans le tube, mais supposant celui-ci déjà rempli, une colonne d'eau sortira à mesure que la nouvelle aspiration s'élevera à la hauteur de 10 mètres 3 décimètres, où le disque étant arrivé, on aura une colonne d'eau de moins à soutenir, puisque l'inférieure est soutenue par la pression atmosphérique exté-

rieure ; cet instant est le *minimum* de la résistance.

On verra dans la suite quel avantage donne
à la machine cette période de *maximum* et
de *minimum* de résistance en appliquant le
premier comme puissance.

Or , soit H la hauteur verticale indéterminée à laquelle on doit élever l'eau ; A la
hauteur verticale d'une colonne partielle comprise entre deux disques , dont le *maximum*
est de 10 mètres 3 décimètres ; n lé nombre
des disques contenus dans le tube ; 1 au p
le rapport du diamètre à la circonférence ; r
le rayon du tube ; le *maximum* de la résistance , abstraction faite du frottement , sera
exprimé par $n \, \mathrm{A} p \, r^2 = \mathrm{H} p \, r^2$; le *minimum* par
$(n-1) \, \mathrm{A} p \, r^2 = \mathrm{H} p \, r^2 - \mathrm{A} p \, r^2$, d'où résul-
terait la résistance moyenne égale à
$$n \, \mathrm{A} p \, r^2 - \tfrac{1}{2} \, \mathrm{A} p \, r^2 = \mathrm{H} p \, r^2 - \tfrac{1}{2} \, \mathrm{A} p \, r^2 .$$

Nous avons donc dans la *Chaîne aspirante*
l'avantage de tirer parti de toute la pression
atmosphérique et de multiplier ensuite indéfiniment les colonnes partielles de 10 mètres
3 décimètres, ce qu'avec la pompe aspirante
on ne saurait obtenir que pour une seule fois
avec plus de difficultés et moins de précision.

Nous avons aussi le bénéfice d'une demie colonne d'eau, de la hauteur de 10 mètres 3 décimètres, parce que la resistance moyenne de cette machine est égale au poids de toutes les colonnes partielles d'eau contenues dans le tube moins la moitié d'une colonne.

Or, comme dans le plus grand nombre des cas dont les arts et l'agriculture requièrent l'élévation de l'eau, est très-rare qu'on doive la porter à une hauteur plus forte de 10 mètres 3 décimètres, on aura toujours le bénéfice de cette demie colonne de la hauteur de 5 mètres 15 centimètres, qu'aucune machine hydraulique ne saurait élever sans y appliquer une puissance bien plus forte de son poids même.

Je ne me dissimule pas que ce bénéfice diminue en proportion de la plus forte hauteur à laquelle on doit élever l'eau, puisque cette demie colonne a un rapport progressivement moindre avec la colonne totale, cependant la simplicité du mécanisme, et sur-tout la petitesse du frottement feront toujours, même pour les grandes hauteurs, préférer la *Chaîne aspirante* aux autres machines dont on se sert ordinairement.

Si on appliquait à la machine une puissance égale au poids de la colonne d'eau contenue dans le tube, faisant toujours abstraction du frottement, elle acquerra, pendant sa chute libre par la hauteur de 10 mètres 3 décimètres, une vitesse finale compétente à cette chute, laquelle donnera un *momentum* presque quinze fois plus fort de la résistance, si l'eau ne doit s'élever qu'à 10 mètres 3 décimètres, et d'autant plus fort que la puissance où le nombre des colonnes partielles à élever est plus considérable.

Deux obstacles concourent à diminuer cette force primitive ; le premier, qui est peu considérable, est le choc du disque sur la surface de l'eau pendant qu'il va soutenir la colonne aspirée par le disque précédent; le second, qui est bien plus conséquent, est le choc de ce même disque contre la colonne qu'il doit élever.

Ces deux causes tendent à détruire la grande vitesse acquise pendant la première aspiration; toutefois le mouvement se réduit en peu de temps à l'uniformité par l'effet de l'alternative du *maximum* et du *minimum*, ou soit parce que dès l'instant que la puissance doit soutenir toute l'eau contenue dans le tube, à celui où une nouvelle aspiration a lieu, elle doit progressivement acquérir de nouveaux degrés de vitesse, car la puissance gagne le poids d'une colonne partielle sur la résistance, puisque la dernière colonne aspirée est élevée et soutenue par la pression atmosphérique.

Malgré ces résistances, si le poids nécessaire pour vaincre le frottement dans l'atmosphère est capable d'imprimer du mouvement à la machine, en ajoutant à ce poids celui de la colonne d'eau contenue dans le tube, et la faisant aspirer, elle acquerra une vitesse bien plus forte de celle obtenue dans le frottement; parce que la célérité avec laquelle l'eau tend à monter dans le tube, étant plus forte que celle de la machine, d'autant plus celle-ci est grande, avec d'autant plus d'activité et d'énergie l'eau monte dans l'aspiration.

Le principe par lequel cette machine agit est très-simple, et on n'avait qu'à ôter les nombreux graius, et en conséquence son plus grand défaut, au *Chapelet vertical* ou *ordinaire*, pour en faire une *Chaîne aspirante*; j'en con-

viens , et je ne prétends pas à un grand mé-
rite pour cette invention ; cependant si personne jusqu'à présent n'a rendu le *Chapelet
ordinaire* une machine aspirante directement,
et pour toute la hauteur de 10 mètres 3 décimètres , j'aurais le droit de réclamer cette
invention , et je serais le maître de donner
à ma machine le nom que j'ai jugé le plus
convenable.

Si je ne l'ai pas nommée hydro-aspirante ,
c'est parce qu'elle peut aspirer un liquide comme un fluide quelconque , et de bas en haut ,
comme de haut en bas.

D'ailleurs, le nom de *Chapelet aspirant* n'aurait pas caractérisé assez bien cette machine ,
comme il caractérise exactement le premier ;
car ce nom fut certainement emprunté de la
ressemblance que le *Chapelet ordinaire* ou *vertical* a avec cet instrument pieux si connu, à
cause de la multiplicité de ses grains , tandis
que la *Chaîne* pouvant avoir les disques éloignés de 10 mètres 3 décimètres, ne peut avoir
la moindre ressemblance avec un *Chapelet* ; je
ne devais donc pas appeler la *Chaîne* du nom
de *Chapelet* , si avec CONDILLAC, je voulais
donner à ma machine un nom qui la caracté-
risât exactement.

Ce que je viens d'exposer est suffisant pour donner une idée assez précise de la nature de la *Chaîne aspirante*, pour pouvoir établir le parallèle entre cette machine et le *Chapelet ordinaire*, que je me suis proposé. Maintenant, pour remplir cette tâche, il est indispensable d'examiner la nature, soit théorique, soit pratique de cette dernière machine.

Le *Chapelet ordinaire* ou *vertical*, *Rosarium*, n'a jamais été aspirant, il fut au contraire toujours entièrement puisant. Quoiqu'on ne nie point que telle soit la nature du *Chapelet*, j'ai cependant jugé à propos de rapporter la définition qui en est donnée par les auteurs d'hydraulique ; cette circonstance, la plus essentielle, commencera pour être une ligne de démarcation tirée entre ces deux machines.

DECHALES, dans son *Mundus mathematicus*, donnant la description de cette machine, dit: *Dum enim trahitur funis, globuli exacte tubi cavitatem implentes, interceptam aquam sursum attollunt.*

WOLF qui y est conforme, s'exprime ainsi: *Dum enim globi aut hemisphaeria per tubum trahuntur aquam binis interjectam attollunt.*

Le *Chapelet* ne fait donc qu'*attollere*, élever

22

l'eau, *binis globis interceptam*, que deux grains attrapent parmi eux; ce n'est point en conséquence la pression atmosphérique qui fait monter l'eau dans le *Chapelet*, comme c'est elle qui la fait monter dans la *Chaîne*.

Voyons maintenant si la partie pratique de cette machine correspond à celle qui est décrite par ces Professeurs d'hydraulique; je ne citerai aussi que deux auteurs de pratique, Bélidor et Le-Sage. Le premier, dans son architecture hydraulique, traitant des machines pour les épuisemens, donne la description d'un *Chapelet ordinaire*, dont le tube avait la hauteur de 8 pieds 2 pouces, et 5 pouces de diamètre; les grains ou disques étaient éloignés de 2 pieds 6 pouces.

Le modèle du *Chapelet ordinaire* conservé à la Galerie des Ponts et Chaussées, qui a servi à épuiser les eaux pour les fondemens du Pont de la Concorde à Paris (*Recueil de différens mémoires etc.* par M.r Le-Sage, Paris 1810), a le tube de la longueur de 22 pieds; son diamètre est de 6 pouces; ses grains sont cylindriques, de la hauteur de 6 pouces et distans de 4 pieds.

Or le premier de ces *Chapelets*, sur 8 pieds

2 pouces de hauteur du tube, avait au moins 11 disques, dont 3 continuellement dans le tube, et quatre pendant l'espace du 48.me environ de sa longueur; et le second, sur 22 pieds de hauteur, en avait au moins 15, dont 5 continuellement dans le tube, et 6 pendant l'espace du 11.me de sa longueur.

Ces *Chapelets* sont donc strictement dans l'esprit de la théorie de cette machine, et ne devaient pas être aspirans, puisque dans les deux cas ils n'auraient dû avoir que 3 disques, éloignés de 8 pieds environ dans le premier et de 21 pieds environ dans le second, car la hauteur à laquelle ils élevaient l'eau, était bien moindre de 31 pieds 2|3, *maximum* de la distance qu'on peut donner aux grains en les faisant aspirer.

D'après ce que je viens d'observer, on doit conclure en premier lieu que la *Chaîne aspirante* n'est point le *Chapelet ordinaire, tel qu'il est connu, et en usage depuis des siècles*, puisque ce dernier fut toujours entièrement puisant, tandis que la première est aspirante; cette circonstance seule doit constituer une différence bien remarquable entre ces deux machines, et faire distinguer facilement l'une de l'autre.

De ce caractère du *Chapelet*, il doit lui résulter un second inconvénient relativement à la *Chaîne aspirante* ; car, supposant qu'on doive élever l'eau 10 mètres 3 décimètres, en parité de longueur du tube, dans une hauteur d'eau constante, le *Chapelet* ne peut pas l'élever à la même hauteur, puisque, devant être puisant, il faut que la partie inférieure du tube plonge dans l'eau par toute la hauteur qui existe entre deux de ses grains, tándis que la plus petite immersion du tube est suffisante dans la *Chaîne aspirante*, et cette plus forte hauteur sera toujours au moins de trois à quatre pieds de perte pour le *Chapelet*, qu'on devra gagner en alongeant le tube et en augmentant le nombre des grains, et en conséquence le frottement et le poids de l'eau.

Il existe donc une seconde différence entre le *Chapelet* et la *Chaîne*, en ce qu'à longueur égale dans les tubes, le premier ne peut pas porter l'eau à la même hauteur que la *Chaîne*, mais bien cette hauteur sera toujours moindre de 3 à 4 pieds.

On pourrait observer que l'eau comprise entre deux grains du *Chapelet* peut aussi trèsbien être aspirée, et qu'en conséquence cet avantage de la *Chaîne* n'ait point lieu.

Je remarquerai a çe propos que si l'on avait une fois songé à faire aspirer dans le *Chapelet* l'eau comprise entre deux grains, celui-ci serait devenu tout de suite une *Chaîne aspirante*, puisqu'alors on l'aurait indubitablement fait aspirer par toute la hauteur du tube, toutefois que celle-ci aurait été moindre de 32 pieds, ce qui prouve assez évidemment que l'eau comprise entre deux grains du *Chapelet* ne devait point être aspirée, et que le tube de cette machine doit plonger dans l'eau au moins par la hauteur existante entre deux grains.

Je vais maintenant examiner la différence qui doit résulter entre ces deux machines par rapport à leur frottement respectif.

Je suppose que la *Chaîne aspirante* n'est destinée à élever l'eau qu'à la hauteur de 10 mètres 3 décimètres, où la pression atmosphérique peut la faire monter, et que la surface de l'eau soit permanente; en y faisant plonger le tube par 2 décimètres, on aura la longueur totale du tube de 10 mètres 5 décimètres; soient les disques, dont il y en aura 3, éloignés par 10 mètres 3 décimètres, supposant la machine en mouvement, lorsque le premier disque sortira par en haut du tube, le second sera entré par en bas et aura déjà parcouru un décimètre et demi (le décimètre inférieur forme l'entonnoir du tube). On n'aura donc qu'un disque dans le tube et deux sur l'espace d'un décimètre et demi, ce qui fait le $\frac{15}{1045}$, ou le 70.me environ de la longueur du tube.

Soit le diamètre du tube d'un décimètre, et la hauteur cylindrique des disques de 9 millimètres (4 lignes), la surface qui frotte contre le tube sera 28 dix-millièmes du mètre carré. Je suppose cette résistance équivalente au poids d'un kilogramme ; dans ce cas la résistance causée par le frottement des disques contre le tube sera de kil. 1 et 1170, ou soit kil. 1,014 sur une hauteur de mètres 10,5 , pour élever l'eau à 10 mètres 3 décimètres de hauteur.

Le tube du *Chapelet*, d'après l'observation faite ci-dessus, devant plonger dans l'eau par 3 pieds 3 pouces (1 mètre 6 centimètres), distance moyenne des grains des deux *Chapelets*, requerra la longueur de 11 mètres 36 centimètres pour porter l'eau à la même hauteur de la *Chaîne* ; en conséquence celui, d o parle *Bélidor*, devra avoir 32 disques, dont 14 seront continuellement dans le tube.

Or, se tenant aux mêmes données adoptées pour la *Chaîne*, son frottement sera de kil. 14.

Dans le cas du second *Chapelet* on aura environ 20 disques, dont 8 continuellement dans le tube et 9 pendant le douzième de sa longueur, d'où il suit que la résistance causée par son frottemens aura de kil. 8 abondans.

Il est facile de concevoir que la résistance trouvée dans ce dernier cas n'est que celle résultante de la supposition que les grains n'aient que l'épaisseur de 4 lignes ; mais si nous adoptons les grains de six pouces (162 millimètres) de hauteur du *Chapelet* de Monsieur Le-Sage, alors ce frottement causerait une résistance 18 fois plus forte, savoir, de kil. 144.

Au frottement causé par les disques que je viens de déterminer, on doit encore ajouter celui produit par l'essieu de la roue à laquelle est appliquée cette résistance, que j'évaluerai le tiers de celui causé par les disques. Dans ce cas la résistance causée par le frottement dans la *Chaîne* sera de . kilog. 1,35

Dans le *Chapelet* dont parle Bélidor, elle serait de . . . . kil. 18,67

Dans celui rapporté par M.r Le-Sage, avec les disques de 4 lignes d'épaisseur, de . . . . „ 10,67

Avec les grains de 6 pouces de hauteur . . . . . . „192,00

En prenant la moyenne de la résistance opposée par ces deux *Chapelets*, dans les cas les plus favorables, elle sera de près de 15 kilogrammes.

L'on observera, peut-être, qu'il y a des *Chapelets* dont les grains sont plus éloignés, et que le frottement diminuerait en proportion, mais il est bon de remarquer que cette circonstance le ferait augmenter sous un autre rapport, savoir, soit par la plus forte exactitude qu'alors les grains requerront, soit par la plus forte hauteur du tube, qui doit plonger d'autant plus sous la surface de l'eau. Toutefois je n'ai point choisi les *Chapelets* les plus favorables à mon but, au contraire j'ai adopté les premiers que j'ai rencontré, et je suis même persuadé qu'en général la moyenne déterminée est une supposition moindre de celle que donnerait l'expérience, toutefois que l'élévation de l'eau devra se faire à la hauteur de 10 mètres 3 décimètres.

Nous avons donc une troisième différence très-remarquable entre la *Chaîne* et le *Chapelet*, relative au frottement, qui est au moins dans le rapport de 1 à 11 environ, toutefois que dans la première on tirerait parti de toute la pression atmosphérique. Mais à l'égard de cet excès de frottement dans le *Chapelet*, il faut encore remarquer qu'en multipliant les colonnes partielles dans la *Chaîne*, cette résistance augmenterait extraordinairement dans le *Chapelet* ; c'est le motif qui s'oppose à l'usage de cette machine pour élever les eaux à des hauteurs un peu considérables.

Si toutefois la différence entre le *Chapelet* et la *Chaîne* ne consistait que dans l'aspiration et la diminution du frottement, on pourrait dire que cette machine n'est qu'un perfectionnement du premier, et la *Chaîne* ne pourrait pas, peut-être, prétendre à ce nom, mais l'aspiration, qui est sa propriété caractéristique, constitue une différence tellement remarquable entre ces deux machines, à cause des avantages saillans qu'elle donne à la *Chaîne*, que ce ne serait pas raisonnable de ne point la caractériser par un nom différent.

Passons en attendant à l'examen des avantages que l'aspiration donne à la *Chaîne* sur le *Chapelet.*

En se tenant aux dimensions ci-dessus adoptées, le premier disque montant dans le tube jusqu'à la hauteur de 10 mètres 3 decimètres, l'air atmosphérique extérieur exerçant une pression égale à kil. 78,75, fera monter dans le tube une colonne d'eau de la hauteur de 10 mètres 3 décimètres, formant un solide égal en poids à celui de la pression atmosphérique, savoir, de millistères 78,75.

Mais alors le second disque arrivant dans le tube, devra soutenir et élever la première colonne, en en aspirant une seconde.

C'est cette circonstance qui paraît persuader à quelques-uns que la *Chaîne* doive se trouver dans des données identiques avec le *Chapelet* ; car on dira, *que quoique ce soit la pression atmosphérique qui force l'eau de s'élever, la puissance devra toujours soutenir toute la colonne d'eau contenue dans le tube.* Il faut donc examiner l'avantage que donne à la machine ce *maximum* de puissance sur le *minimum* qui succède, lequel dans notre cas se réduit à zéro.

D'abord on doit observer que ce *maximum* n'est qu'instantanée, tandis qu'il est constant dans le *Chapelet*; car à mesure que le second disque s'élève, la colonne d'eau à soutenir diminue, et la nouvelle, soutenue par l'atmosphère, ne requiert aucune force; enfin, au moment que celle-ci arrive à toute sa hauteur, la première est réduite à zéro, aussi bien que la résistance causée par l'eau. C'est à cette circonstance qu'il paraît qu'on n'a pas fait assez d'attention pour croire que la résistance de la *Chaîne* était dans des circonstances identiques avec le *Chapelet*.

Cette alternative de *maximum* et de *minimum* est un caractère exclusif de la *Chaîne*, ce qui constitue une quatrième différence entre ces deux machines; puisque jusqu'à la hauteur de 10 mètres 3 décimètres, la vraie résistance de la *Chaîne*, causée par le solide de l'eau contenue dans le tube, est constamment la moitié de celle du *Chapelet*.

Avant de déterminer la différence qui doit résulter dans le produit de ces deux machines, en appliquant ce *maximum* comme puissance, il sera utile de démontrer que dans la *Chaîne* l'aspiration a lieu avec une puissance infiniment petite.

En déterminant la puissance requise pour aspirer la colonne d'eau jusqu'à la hauteur de 10 mètres 3 décimètres, j'ai posé en fait, que, abstraction faite du frottement du disque et du mécanisme, l'aspiration se fait avec une force infiniment petite ; on tirerait donc parti de la pression atmosphérique sans en sentir sa réaction. Cet effet est fondé sur les lois de l'équilibre, lesquelles ne requièrent que quelques modifications très-faciles à obtenir.

Je ne me dissimule pas que cette théorie est en contradiction avec celle de la *Pompe aspirante*, dans laquelle on suppose que le corps qui opère le vide, doit sentir tout le poids de la colonne atmosphérique qui y pose dessus, comme il sent celui de la colonne extérieure qui fait monter l'eau dans la *Pompe*; toutefois la considération de l'existence de l'équilibre me persuadait de la vérité de mon principe.

J'ai consulté l'expérience, soit sur des modèles, soit sur des *Chaînes* exécutées en grand; elle confirma mon idée ; j'ai observé constamment qu'avec une force égale à celle requise pour vaincre le frottement du disque et du mécanisme dans l'atmosphère, j'obtenais l'aspiration dans un temps moindre de celui employé dans le frottement *, d'où j'étais conduit à conclure que pendant que la pression atmosphérique extérieure exerçait son action, la colonne qui pesait sur le disque ne réagissait aucunement par son poids.

J'avais ensuite ajouté au poids nécessaire pour vaincre le frottement, celui de la colonne d'eau contenue dans le tube, et la machine avait joué avec une vitesse assez considérable; or n'est-il pas évident que si le poids de la colonne atmosphérique, qui était décuple de la puissance, eût réagi par tout son poids sur le disque, que la machine n'aurait pas dû jouer sans additionner à la puissance un poids égal à celui de la colonne atmosphérique?

A ce propos on pourrait, peut-être, élever quelques difficultés, savoir :

1.° Sur ce qu'il parait qu'une force infiniment petite ne devant produire qu'un effet

---

* Monsieur le Comte Sénateur S. Martin La Motte eut la bonté d'assister à cette expérience faite avec un modèle de la hauteur d'un mètre et de 5 centimètres de diamètre.

proportionné, elle ne doive élever le disque que par un espace infiniment petit; mais il est bon de remarquer que ce n'est point l'infiniment petit qui élève la colonne d'eau, mais bien la pression atmosphérique; le premier ne fait que rompre l'équilibre, lequel, une fois détruit entre deux corps mutuellement correspondans, ceux-ci ne s'arrêtent plus, jusqu'à ce que quelque cause empêche leur mouvement, ce qui dans notre cas arrive à la hauteur de 10 mètres 3 décimètres.

A l'égard des expériences faites avec mes modèles on pourrait objecter, avec quelque fondement, que n'ayant que la hauteur d'un mètre environ dans le tube, cet effet qui dans ce cas avait lieu, aurait pu manquer sur toute la hauteur de 10 mètres 3 décimètres. Cependant la considération que la vitesse était constamment plus forte dans l'aspiration que dans le frottement me persuadait encore que l'aspiration devait avoir lieu par toute la hauteur due à la pression atmosphérique.

Ce non obstant, pour m'assurer sur ce point intéressant d'hydraulique, j'ai entrepris des expériences sur l'entière colonne, en me servant du mercure; les tubes étaient de cristal, et le plus grand avait un centimètre de diamètre, pour ôter la difficulté de la capillairete. Un nombre de trois cents expériences m'apprit,

1.º Que l'effet de la pression atmosphérique sur le corps qui opère le vide n'est point constant, mais bien subordonné à la vitesse et à la puissance avec lesquelles on fait l'aspiration.

Cette loi de la nature sera très-utile et très-intéressante pour l'hydraulique et pour la mécanique.

2.º Que lorsque la vitesse et la puissance avec lesquelles on surmonte le frottement dans l'atmosphère, ont un certain rapport, on obtient avec la même puissance et dans un temps égal l'aspiration de la colonne de mercure jusqu'à la hauteur de 27 pouces (73 centimètres).

C'est de cette loi que dérive la principale propriété de la *Chaîne aspirante*, d'élever une colonne d'eau d'un diamètre quelconque à la hauteur de 10 mètres 3 décimètres au moyen d'une force infiniment petite.

3.º Qu'à mesure que la vitesse dans le frottement diminue, diminue aussi progressive-

36

ment la hauteur à laquelle monté le mercure , ou soit la hauteur à laquelle se fait l'é-
quilibre entre les colonnes atmosphériques intérieure et extérieure au tube.

4.° Que dans aucun cas l'effet de la pression atmosphérique sur le corps qui opère le
vide est égal au poids de l'entière colonne
atmosphérique ; comme on le suppose dans
la théorie des *Pompes*.

5.° Enfin, que même dans les cas que la
vitesse dans le frottement soit zéro, savoir,
lorsque la puissance ne peut pas vaincre le
frottement, l'aspiration a lieu avec la puissance même *.

Dans ces expériences je déterminais la puissance et le temps necessaire à vaincre le frottement du disque dans l'atmosphère ; celui-ci
était formé par un bouchon de fil de coton
de 5 centimètres de longueur, trempé dans
une graisse un peu consistante pour empêcher
l'air de le pénétrer, ensuite je plongeais le

---

* J'ai communiqué ces résultats à plusieurs savans ;
aucun n'a répondu là dessus ni pour l'affirmative ni
pour la négative; chacun s'est tû.

bout inférieur du tube dans le mercure, et je le faisais aspirer.

Le résultat de ces expériences qui ne fut pas encore, que je sache, remarqué, a été constant et assez régulier pour que j'en puisse déduire que dans la *Chaîne aspirante*, tandis qu'on profite de l'action de la colonne atmosphérique extérieure pour aspirer l'eau à la hauteur de 10 mètres 3 décimètres, on ne ressent aucunement sa réaction sur le disque et sur la colonne d'eau qui s'élève, toutefois que la puissance est égale au *maximum* de la résistance et que la partie de puissance qui est destinée à surmonter le frottement, peut imprimer du mouvement à la machine. Si cette vitesse fût un peu conséquente, par exemple, de mètres 1,5 par seconde, le poids à ajouter à celui requis pour vaincre le frottement pourrait être sensiblement moindre du *maximum* de la résistance causée par la colonne d'eau.

Je ne crois pas qu'on veuille regarder ces effets comme une chose connue, puisque la théorie des *Pompes* reçue jusqu'à ce jour suppose constamment le contraire de ce que ces expériences apprennent ; et si quelqu'un croit pouvoir élever des doutes sur la réalité de ces résultats, il n'aura qu'à consulter l'expérience pour s'en convaincre pleinement.

On doit désirer que ces expériences soient répétées avec tout l'appareil et la précision qu'elles méritent, en attendant je joindrai à mon mémoire le tableau de celles que j'ai fait moi-même et qui me firent connaître les lois que je viens de rapporter.

Soit maintenant appliquée à la *Chaîne* comme puissance un poids égal à la colonne d'eau contenue dans le tube, qui équivaudrait au *maximum* de la résistance, y compris le poids nécessaire pour vaincre le frottement que je suppose de kilog. 1,25; nous aurons alors une puissance de kilog. 80 *, pour élever au moyen du second disque la colonne d'eau aspirée et avoir le jeu de la machine **.

---

* Je suppose abondamment que le millistère d'eau corresponde au kilogramme, quoiqu'il en soit un peu plus fort.

** Dans ce calcul je ne ferai aucun cas de l'augmentation de résistance que le poids de la colonne d'eau doit causer dans le frottement, parce que la puissance étant double de la résistance moyenne, elle est plus que suffisante pour la surmonter, ce qui sera démontré par les expériences que je rapporterai dans la suite.

Or la puissance, qui est presque 79 fois la résistance produite par le frottement du disque, donnera en tout cas une vitesse suffisante à celui-ci pour qu'il ne ressente point l'effet de la colonne atmosphérique qui y pose dessus.

Selon mon hypothèse, nous avons aussi la pression atmosphérique extérieure au tube équivalente à kilog. 78,75, capable de le remplir d'eau jusqu'à la hauteur de 10 mètres 3 décimètres.

Laissant donc en liberté la puissance de kilog. 80, elle rompra certainement l'équilibre entre les colonnes atmosphériques intérieure et extérieure au tube, en élevant le disque et l'eau comprimée par l'atmosphère, tendra à monter dans le tube avec une vitesse égale à celle qui compéterait à un corps qui tombe de la hauteur de 10 mètres 3 décimètres. Cette vitesse décroîtra ensuite progressivement et se réduira à zéro à cette hauteur.

La puissance descendant librement par l'espace de 10 mètres 3 décimètres, acquerra une vitesse capable d'imprimer un *momentum* presque quinze fois plus fort du *maximum* de la résistance.

Mais de ce *momentum* on doit soustraire l'effet de la résistance opposé par l'eau au cours du second disque et celui produit par le choc de ce disque avec la colonne aspirée qui doit élever, ce qui réduit la vitesse de la puissance à la moitié environ.

J'ai déjà fait remarquer ailleurs que cette vitesse ressent par ces mêmes obstacles un nouveau retard pour les colonnes successives, mais que le mouvement, au moyen de l'alternative du *maximum* et du *minimum*, se réduit en peu de temps à l'uniformité avec un résidu de vitesse considérable pour le jeu de la machine ; en effet, supposant que la puissance soit réduite à la seule résistance moyenne de kilog. 40, nous devrions alors avoir l'équilibre, mais dans notre cas les kilog. 40 de supplément au *maximum* étant entièrement au profit de la machine, doivent suffire à y imprimer une vitesse considérable, puisque nous avons la résistance moyenne à la puissance comme 1 au 2.

Si l'on adoptait la théorie généralement reçue pour les *Pompes*, ces résultats seraient bien différens, car au moment que le second disque vient soutenir la première colonne aspirée, l'on n'aurait que l'équilibre, puisque de la puissance de kilog. 80 et du poids de la colonne extérieure on devrait soustraire le poids de celle qui pose sur le disque, et il ne resterait que la puissance égale à la résistance, ou soit au poids de la colonne aspirée et à celui nécessaire pour vaincre le frottement.

Je ne chercherai point à préciser quelle soit la vitesse que la machine doit acquérir en tout cas ; ce n'est point-là le but de cet écrit : pour mon parallèle il me suffit de faire les premiers pas, qui doivent précéder cette recherche, savoir, de démontrer,

1.º Que dans la *Chaîne* l'aspiration a lieu sans qu'elle ressente le poids de la colonne atmosphérique qui pose sur le tube ; 2.º que cette machine avec une puissance égale au *maximum* de sa résistance est capable de donner un *momentum* bien plus fort de cette résistance même et d'acquérir une vitesse considérable ; 3.º enfin, que malgré que la puissance doive soutenir toute la colonne d'eau contenue dans le tube, la *Chaîne* a, sous ce rapport même, des avantages très-essentiels sur le *Chapelet* ordinaire.

Voyons maintenant quelle serait la résistance qu'un *Chapelet* ordinaire opposerait en iden-
tité de circonstances de la *Chaîne* cidessus,
pour élever l'eau à la hauteur de 10 mètres
3 décimètres.

J'ai déjà fait remarquer que dans le *Chapelet* on doit avoir 3 pieds 3 pouces (mètres
1,06) de plus forte longueur dans le tube
pour porter l'eau à la même hauteur qu'avec
la *Chaîne* , ce qui fait un dixième près de plus.

Or , en faisant abstraction des disques , le
solide d'eau contenu dans le tube du *Chapelet*
équivaudrait à stères 0,08709 , ou soit à kilog. 87,09 , résistance qui est constante, comme je l'ai déjà observé , tandis qu'elle ne serait qu'instantanée dans une *Chaîne*.

A ce poids de kilog. 87,09 il faut ajouter
celui de kilog. 13,75 , nécessaire pour vaincre le frottement des disques , qui est dans
le rapport de 1 à 11 avec celui de la *Chaîne*,
et on aura alors kilog. 100,84 pour *maximum*
de résistance dans le *Chapelet* , mais cette résistance étant appliquée comme puissance, ne
donnerait que l'équilibre ; il faudra donc l'augmenter dans le rapport de 2 à 3 , et nous
aurons alors kilog. 151,26 , ce qui réduirait

le rapport des puissances entre le *Chapelet* et la *Chaîne* comme 151 au 80.

Cependant cette puissance de kilog. 151,26 ne doit pas donner le même résultat qu'on obtiendrait avec les kilog. 80 appliqués à la *Chaîne*, parce que dans celle-ci cette puissance est double de la résistance moyenne; il faudrait donc aussi doubler le poids des kilog. 100,84 pour le *Chapelet*, ce qui donnerait kilog. 201,68 et réduirait le rapport des puissances à 202 au 80.

Si l'on appliquait donc au *Chapelet* une puissance égale au poids de la colonne contenue dans le tube et à celui nécessaire à vaincre le frottement, cette machine, loin d'acquérir une vitesse égale à celle de la *Chaîne*, ne donnerait que l'équilibre, d'où résulte une cinquieme différence entre ces deux machines, en ce que la *Chaîne* avec le *maximum* de sa résistance peut acquérir une vitesse conséquente, tandis que ce *maximum*, quoique bien plus fort, étant appliqué au *Chapelet*, on n'obtient que l'équilibre.

Il n'est donc pas vrai que la *Chaîne* soit chargée de tout le poids de la colonne d'eau comme le *Chapelet*, puisque ce poids même est capable d'imprimer du mouvement à la première, tandis qu'il ne donne que l'équilibre dans la seconde.

Or si l'on employait deux hommes pour le jeu de la *Chaine*, chacun agirait sur un *maximum* de kilog. 40 et sur une moyenne de 20 ; on pourra donc supposer qu'ils imprimeraient à la machine une vitesse de 7.5 centimètres, ce qui donnerait stères 0,354 par minute.

Si l'on appliquait deux hommes au *Chapelet*, dont la puissance, en prenant le *minimum*, devrait être de kilog. 151,26, chaque homme exercerait une force de kilog. 75,63; il faudra donc mettre quatre hommes qui travailleraient chacun sur kilog. 37,8.

Mais cette force que chaque homme devrait exercer, est presque double de celle que chacun des deux hommes employerait sur la *Chaine*, parce qu'elle est constante dans le premier cas et se réduit alternativement à zéro dans le second, de manière que chacun des deux hommes ne travaillent réellement que sur une résistance moyenne de kilog. 20 ; en conséquence ce sera encore abonder, en supposant que la vitesse, que les quatre hommes peuvent imprimer au *Chapelet*, soit de 4 décimètres par seconde, savoir, un peu plus de la moitié de celle imprimée à la *Chaîne* par deux hommes, ce qui donnerait stères 0,189 d'eau par minute. D'où il suit une sixième différence, en ce que le *Chapelet* avec une puissance double ne donnerait que la moitié environ du produit de la *Chaîne*.

Dans l'ouvrage précité de M.r Le-Sage il est dit que le *Chapelet* par lui rapporté, élevant l'eau à la hauteur de 16 pieds, servi par quatre hommes, donna 19 millistères de produit et une vitesse au-delà d'un mètre par seconde.

J'observe que cette machine, en déduisant les grains, devait avoir un solide d'eau de millistères 127. L'on a vu que la résistance produite par les grains de ce *Chapelet*, en supposant que 28 dix-millièmes de mètre quarré de surface qui frotte, corresponde à un kilogramme, serait de kilog. 192 ; mais en réduisant abondamment cette résistance au quart de celle supposée dans les calculs ci-dessus, chaque homme aurait encore dû agir sur kilog. 43,75 pour l'équilibre et sur kilog. 65,63 en augmentant la puissance dans le rapport de 2 à 3.

Or si les résultats donnés par M.r Le Sage sont exacts, comme on doit le croire, il faut que ces hommes fussent changés bien souvent, puisqu'il ne paraît pas possible qu'ils pussent travailler long-temps en exerçant une force semblable.

Quoique tout ce que je viens d'exposer conduise à des résultats, sur lesquels on ne pourrait raisonnablement jeter des doutes, j'ai jugé convenable de rapporter plusieurs expériences, et notamment celles faites avec une *Chaîne* dont le tube avait 3 mètres 25 centimètres de hauteur (10 pieds) et 5 centimètres de diamètre, laquelle servit en même temps de *Chapelet*.

Ces expériences porteront la dernière conviction, la dernière évidence dans ces recherches ; elles feront connaître avec quelque précision la résistance comparative de ces deux machines, aussi bien que la valeur des principes et des hypothèses adoptées dans la théorie de la *Chaîne aspirante*.

La distance des disques de la *Chaîne* était de mètres 3,18, ceux du *Chapelet*, au nombre de douze, étaient éloignés de 78 centimètres (2 pieds 5 pouces 11 lignes) ; deux

de ceux-ci étaient distans de 96 centimètres
pour avoir la même longueur dans la *Chaîne*,
dont les anneaux faits avec un égal calibre
avaient la longueur intérieure de six centimètres.

Les disques furent tous montés par moi-
même et egalement calibrés au même tube ;
ils étaient formés de deux disques de laiton
de l'épaisseur d'un écu et d'un diamètre un
peu moindre de celui du tube ; ceux-ci en
contenaient fortement deux autres, un de cuir
et l'autre de feutre, le premier était d'un diamètre un peu plus grand de ceux de laiton,
mais moindre encore de celui du tube, dont
le second remplissait exactement le vide; l'é-
paisseur des disques était de 8 millimètres
environ.

Le solide d'eau contenu dans le tube, en y
comprenant la hauteur du réservoir, était de
millistéres ou kilogrammes 6,77235 ; j'ai aussi
évalué cette plus forte hauteur de la colonne
d'eau, parce que pendant que la vitesse est
un peu considérable, elle va jusque-là avant
de retomber et sortir par le déchargeoir, dont
l'ouverture était plus forte que celle du tube;
Le poids de la colonne atmosphérique était
équivalent à kilog. 19,63.

48

La roue en fer, sur laquelle tournait la chaîne de la machine, avait le diamètre de centimètres 18,5, son essieu était mis en mouvement par une roue en bois de même diamètre, sur laquelle tournait la corde de fil de 3 millimètres de grosseur, à laquelle était appliquée la puissance ; cette corde passait sur une petite poulie de laiton de 25 millimètres de diamètre, fixe à une poutre élevée par 10 mètres au-dessus de l'essieu.

Expérience I.

La puissance requise pour vaincre le frottement de la *Chaîne aspirante* fut de kilog. 1 ; elle parcourut l'espace de 14 mètres en 14". J'ai ensuite ajouté à ce poids kilog. 6,75, en mettant de l'eau dans la cuve où posait la machine jusqu'à la hauteur de 25 centimètres au-dessus de l'entonnoir, et pendant l'aspiration le même espace fut parcouru en 11", ce qui donne une vitesse de mètres 1,273 par seconde pendant le jeu de la machine, tandis qu'elle ne fut que de mètres 1 dans le frottement.

Expérience II.

J'ai ensuite appliqué à la machine la chaîne du *Chapelet*, sans qu'elle souffrit le moindre dérangement. Le nombre des disques qui se trouvaient constamment dans le tube était de 4 et de 5 pendant le 25.me de sa longueur. J'y ai donné la puissance de 6 kilogrammes pour vaincre son frottement, le mouvement fut à peine sensible ; avec l'addition d'un demi-kilogramme j'obtins 13 centimètres par seconde ; 25 centimètres avec kilogrammes 7,5 ; 42 avec 8,5 ; avec kilog. 9 la vitesse fut de 71 centimètres, et ce n'est qu'avec kilog. 9,5 que j'ai obtenu, comme dans la *Chaîne*, un mètre de vitesse par seconde.

Ayant ensuite rempli la cuve jusqu'à la hauteur d'un mètre, j'ai augmenté le poids de la puissance de celui dû à la colonne d'eau et je l'ai porté à 16 kilogrammes ; la vitesse obtenue dans le jeu de la machine ne fut que de 35 centimètres par seconde. Avec kilog. 19,5 j'obtins un mètre abondant par seconde, et ce n'est qu'avec kilog. 20,25 que j'ai obtenu mètres 1,265 par seconde.

Je dois faire remarquer que la puissance

de kilog. 20,25 fut appliquée pendant que le tube était rempli d'eau, puisque la puissance étant très-lourde, je ne me suis pas fié à la faire partir avec le tube vide, crainte de quelque accident dans mon appareil, que je ne croyais pas assez robuste pour cette expérience. Il n'y a point de doute que la puissance aurait acquis un degré d'accélération en partant avec le tube vide, cependant il est à remarquer que ce bénéfice est de nature à devoir disparaître presqu'entièrement dans peu de temps pendant la continuation du jeu de la machine.

Par la même raison que ci-dessus le frottement du *Chapelet* fut également déterminé sur l'espace de 8 mètres, de manière que les deux disques distans de 96 centimètres ne parvenaient point dans le tube.

Pour déterminer avec quelque précision la résistance qui appartenait au solide d'eau contenu dans le tube et au frottement des disques et des deux roues, j'ai entrepris quelques expériences sur la quantité de poids nécessaire à vaincre le frottement des deux roues sur trois différentes données.

Ayant appliqué à la roue en fer deux poids

de kilog. 0,66 , il fallut kilog. 0,34 pour rompre l'équilibre ; le poids de kilog. 4 requit kilog. 0,75 et celui de kilog. 8,5 en requit 1,5.

Pour la petite poulie de laiton il fallut un poids bien plus fort , car il surpassa la moitié ; j'ai attribué une partie de cet effet à la proximité des deux poids ; je supposerai en conséquence que chaque roue ne requit que le quart du poids pour vaincre son frottement, ce qui emporterait la moitié de la puissance.

D'après ces données, la résistance du disque dans la chaîne serait d'un demi-kilogramme. Or la puissance de kilog. 7,75 , qui imprima à la *Chaîne aspirante* une vitesse de mètres 1,273 par seconde, étant employée par moitié dans le frottement, il n'y restera que kilog. 3,875 , au lieu de 6,75 pour tenir lieu de la colonne d'eau contenue dans le tube, en conséquence il n'y aurait que kilog. 0,489 au-delà de la résistance moyenne causée par l'eau, qui est de kilog. 3,386, qui auraient été employés dans la puissance de la machine, et kilog. 2,897 auraient été élevés avec la vitesse de mètres 1,273 sans présenter de résistance, en vertu de la pression atmosphérique.

L'accroissement de résistance trouvé dans le

frottement du *Chapelet* comparativement à ce-lui de la *Chaîne* me fit douter que, malgré la plus scrupuleuse diligence portée dans la for-mation des disques, quelques uns fussent plus exacts que les autres, car l'accroissement au-rait été d'environ le double, tandis que sur les kilog. 16 ne fut que du quart environ, savoir, de kilog. 4,25; cependant j'ai aussi réfléchi que, peut-être, le poids de la colon-ne atmosphérique qui pose sur le tube et qui ne peut pas être contrebalancé, comme dans la *Chaîne aspirante*, par celle qui suit le dis-que avec une espèce de continuité qui est interrompue dans le *Chapelet*, pourrait y avoir quelque part; cette circonstance devrait aussi influer pour diminuer le frottement du disque dans la *Chaîne*, car il paraît bien que le flui-de de l'air puisse produire un effet analogue à celui qui a lieu dans l'aspiration de l'eau.

Malgré cette considération, dont je ne pourrais pas garantir la vérité, et pour ôter tout doute sur une plus grande résistance des disques, je supposerai que le *Chapelet* ait ac-quis la vitesse de mètres 1,265 par seconde avec 18 kilogrammes de puissance.

Or la *Chaîne*, pour donner millistères 2,5

d'eau par seconde; en déduisant le poids de l'eau, opposa une résistance de kilog. 0,978, tandis que le *Chapelet*, pour en donner une quantité un peu moindre, aurait opposé kilog. 11,228, et en prenant des nombres ronds, les deux résistances seraient comme 1 au 11.

Mais supposant que la hauteur soit de 10 mètres 3 décimètres, la résistance de la *Chaîne* serait la même, tandis qu'elle serait plus que triple dans le *Chapelet*, en conséquence, dans le cas qu'on tire parti dans la *Chaîne* de toute la pression atmosphérique, les résistances comparatives de ces deux machines seraient comme 1 au 33.

Par la comparaison de ces deux expériences il résulte encore qu'en tenant compte de la résistance des deux machines, la *Chaîne* éleverait presque la moitié de la colonne d'eau aspirée sans en ressentir le poids, tandis que le *Chapelet* requerrait une puissance double du poids de cette masse d'eau.

On voit donc que j'ai été très-discret dans mes suppositions, en déduisant que la résistance de ces deux machines ne fut que dans le rapport de 202 au 80, ou environ du 5 au 2, toutefois que la hauteur, à laquelle on élève

l'eau , soit de 10 mètres 3 décimètres , puisque d'après l'expérience elle est considérablement plus forte.

Or si un *Chapelet* exécuté avec la plus grande délicatesse donna comparativement à la
Chaîne une résistance si excessive sur une
hauteur si peu considérable, combien ne doit-
elle pas être grande dans ces *Chapelets*, qu'on
croit de rendre d'autant plus actifs, qu'ils ont
un plus grand nombre de grains , bien de fois
cylindriques , et le plus exacts que possible ?

Expérience III.

Le modèle qui servit à cette expérience ,
avait la hauteur de mètres 1,37 dans le tube,
y compris la réservoir , dont la hauteur était
d'un décimètre ; le diamètre du tube était de
25 millimètres , les disques , au nombre de
trois , étaient éloignés de mètres 1,15.

Ayant déterminé le frottement de cette machine ; il me résulta de kilog. 0,15, et la vitesse de la puissance fut de 717 millimètres
par seconde sur un espace de 10 mètres 75
centimètres.

Je n'ai ajouté à ce poids de kilog. 0,15 que

celui de kilog. 0,625, quoique la colonne d'eau contenue dans le tube fût de kilog. 0,673, et ayant fait aspirer la machine, elle donna 9 décimètres par seconde de vitesse.

Expérience IV.

Ayant répété l'expérience sur cette machine avec une chaîne et des disques differens de ceux qui servirent dans le cas précédent, le poids requis pour vaincre le frottement fut de kilog. 0,45, lequel parcourut 737 millimètres par seconde sur l'espace de 14 mètres; ayant ensuite ajouté le poids de la colonne d'eau contenue dans le tube et fait aspirer la machine, la vitesse acquise par la puissance fut de 93 centimètres par seconde.

Expérience V.

Ayant observé constamment dans ces expériences, qu'en ajoutant au poids requis par le frottement celui de la colonne d'eau contenue dans le tube, j'avais une vitesse plus forte dans l'aspiration, je devais en déduire que le poids à ajouter à celui du frottement pour avoir une vitesse égale dans les deux cas, même faisant abstraction de la résistance causée par les roues, devait être sensiblement moindre que la colonne d'eau contenue dans le tube ; j'ai donc commencé mes expériences par l'aspiration.

J'ai appliqué au modèle du numéro précédent kilog. 1,6 et j'ai obtenu une vitesse de mètres 1,4 par seconde pendant le jeu de la machine ; ayant ensuite déterminé le poids nécessaire pour avoir une égale vitesse dans le frottement, il me résulta de kilog. 1,62. Or le poids de l'eau contenue dans le tube était de kilog. 0,673 ; tandis que celui qui tint lieu de l'eau pour donner une vitesse égale ne fut que de kilog. 0,58 ; la diminution sur le *maximum* de la résistance causée par le poids de l'eau fut donc de kilog. 0,093, savoir, d'un septième environ.

Expérience VI.

J'ai répété cette expérience avec le modèle N.° 1 ; j'appliquai kilog. 7,75 à la machine et j'obtins dans l'aspiration une vitesse de mètres 1,273 ; ayant ensuite voulu obtenir la même vitesse dans le frottement ; le poids nécessaire fut de kilog. 1,87 ; il ne fut donc employé que le poids de kilog. 5,88 pour avoir une égale vitesse dans les deux cas, tandis que le poids de la colonne d'eau était de kilog. 6,77 ; il y eut donc une diminution sur le *maximum* de kilog. 0,89 , ou un peu plus d'un septième.

Si l'on avait égard à la résistance des roues causée par l'augmentation du poids , ces résultats seraient identiques avec celui de l'expérience première.

Or quelle machine hydraulique donnerait-elle une égale vitesse et un tel produit avec une puissance beaucoup moindre de sa propre résistance ?

Quoique ces résultats tiennent en apparence à un paradoxe mécanique d'avoir une vitesse considérable en appliquant à la machine une puissance moindre de sa propre résistance , cependant ce paradoxe s'évanouit en réflechissant au principe par lequel la machine agit, savoir , qu'on n'a point besoin de force pour élever une colonne d'eau d'un diamètre quelconque à la hauteur de 10 mètres 3 décimètres *, et que le *minimum* de la résistance donne un tel avantage à la puissance, qu'elle est en état de vaincre le *maximum* qui lui succède, quoique bien plus fort d'elle-même.

Désaguliers, dans sa physique, prétend qu'un homme, travaillant tout le jour avec la meilleure machine hydraulique, ne peut pas élever de plus d'un muid d'eau par minute à la hauteur de 10 pieds.

L'on a vu (*Expérience I.*) que la *Chaîne aspirante* avec kilog. 7,75 de puissance donna près de 150 kilogrammes par minute ; or cette puissance n'est que le cinquième environ de celle que, selon Belidor, un homme peut employer en travaillant tout le jour ; en conséquence un homme avec la *Chaîne aspirante* pourrait donner presque le triple de la machine hydraulique qui, selon Désaguliers, serait un optimisme.

Les expériences V et VI démontrent que la résistance de la machine diminue en raison

---

* Il ne sera pas difficile de trouver un mécanisme adapté pour profiter d'une partie considérable de la colonne d'eau élevée de cette manière avant de répéter l'aspiration.

dé l'augmentation de sa vitesse. Ce phénomène paraît être le résultat de deux causes; la première, que, comme la puissance a ordinairement une vitesse moindre de celle avec laquelle l'eau tend à s'élever dans le tube, l'énergie de ce mouvement doit augmenter en raison de la vitesse de la machine ; la seconde, sur ce que le poids de la colonne atmosphérique qui pose sur le tube diminue aussi en raison de la vitesse de la puissance ; car il est hors de doute que pendant que la vitesse du disque est zéro, la colonne atmosphérique pèse sur lui par tout son poids, lequel diminue successivement à mesure que la vitesse de la machine augmente, se réduisant facilement à zéro, et acquérant, peut-être même, au-delà de cet état, un degré d'accélération en vertu de la pression atmosphérique extérieure.

Il me paraît aussi que la *Chaîne aspirante* n'a point les désagrémens que les machines présentent en général, de diminuer leurs effets en raison de leur grandeur ou inversement (*Rapport du Jury de l'Institut Impérial pour le cinquième grand prix décennal*), et que les avantages que je viens de déterminer seront d'autant plus sensibles dans des machines en grand.

J'aurais bien désiré de porter le tube de la *Chaîne* à la longueur de 10 mètres 3 décimètres, pour déterminer avec précision, dans le cas que la *Chaîne* doit produire son plus grand effet, sa différence avec le *Chapelet*; mais cette expérience était trop coûteuse pour mes moyens, et c'est à quelque Corps savant, ou au Gouvernement à faire de telles dépenses pour porter tout le jour dans la théorie de cette nouvelle machine hydraulique, que je ne viens que d'ébaucher, après environ trente mois d'expériences et de recherches.

Or si l'on ne veut pas méconnaître la vérité, si l'on ne veut pas nier l'évidence, il faut convenir, comme je l'ai posé ci dessus,

1.º Que dans la *Chaîne* le corps qui opère le vide ne ressent point l'effet de la pression atmosphérique, car dans les cas de la troisième, quatrième et cinquième expérience cet effet équivalait à kilog, 4,9 et à kilog. 19,63 dans la première et sixième; ces poids étaient plus que suffisans dans les deux cas, pour empêcher l'effet de la puissance considérablement moindre, si elle exerçait son action.

2.º Que la résistance de cette machine n'étant point constante, son période de *maximum* et de *minimum* lui donne un tel avantage , qu'en y appliquant une puissance moindre de sa résistance même , elle peut acquérir une vitesse considérable.

En résumant les différences que je viens de déterminer entre le *Chapelet* et la *Chaîne aspirante* , lesquelles forment l'objet principal de cet écrit , on doit le réduire aux suivantes :

1.º Que le *Chapelet* n'est que puisant, tandis que la *Chaîne* est aspirante ;

2.º Qu'à longueur égale dans le tube , le *Chapelet* ne peut pas porter l'eau à la même hauteur que la *Chaîne* ;

3.º Que sur la hauteur de 10 mètres 3 décimètres le frottement du *Chapelet* est à celui de la *Chaîne* comme 1 à 11 ;

4.º Qu'à cette même hauteur la résistance du *Chapelet* par rapport à la colonne d'eau contenue dans le tube est double de celle de la *Chaîne* ;

5.º Que le *maximum* de résistance du *Chapelet* , qui dans des circonstances identiques est bien plus fort de celui de la *Chaîne* , ne peut donner que l'équilibre , tandis que dans celle-ci il peut donner une vitesse considérable;

6.º Que le *Chapelet* avec une puissance

double ne peut donner que la moitié environ du produit de la *Chaîne*, et même beaucoup moins (*Expérience II.*);

7.º Que selon les expériences rapportées, sur la hauteur de 10 mètres 3 décimètres, la résistance comparative des deux machines est à peu près de 1 au 33, savoir, qu'il faudrait trente-trois hommes à donner avec le *Chapelet* le produit d'eau qu'un homme donnerait avec la *Chaîne* ;

8.º Enfin, que tandis que la *Chaîne* élève presque la moitié de la colonne d'eau aspirée sans en ressentir la résistance, le *Chapelet*, pour élever cette même masse d'eau, requiert une puissance double de son poids.

Je rapporterai enfin les résultats obtenus par deux *Chaînes aspirantes* exécutées en grand pour le service de particuliers.

La première fut établie à la maison de campagne de M.r l'Avocat Revelli, Directeur de la Régie Impériale des sels et tabacs, à Alpignano ; elle élève l'eau à la hauteur de 12 mètres (pieds 37 de Paris) ; le diamètre du tube est de 5 centimètres ; les trois disques sont éloignés de 10 mètres ; le *maximum* de sa résistance causée par la colonne d'eau est de kilog. 23,556; de kilog. 3,926 le *minimum*; et de kilog. 13,751 sa résistance moyenne.

Quoique cette machine ne soit pas encore montée avec toute la perfection que j'y ai apporté, selon l'expérience faite par M.r Brunati, Hydraulicien de S. A. I. le Prince Borghese, elle donna, au moyen d'un homme, stères 2,67 en 25 minutes, ce qui fait stères 0,1068 par minute, et 153,792 en 24 heures, ou pieds cubes de Paris 4492,8.

La force employée dans cette expérience n'aurait pas pu être continuée par un homme toute la journée, je supposerai donc que pour obtenir à cette hauteur de 37 pieds de Paris, une telle vitesse de 9 décimètres par seconde, soit necessaire la force de deux hommes.

La seconde de ces machines est établie à l'*Eremo* sur la colline de Turin; elle a le tube de laiton de la longueur de mètres 5,25 (*pieds 16,2 de Paris*) et le diamètre de 5 centimètres; les trois disques sont éloignés de 4 mètres 5 décimètres. Le *maximum* de la résistance causée par la colonne d'eau est de kilog. 10,31; de kilog. 2,45 le *minimum*; et de kilog. 6,38 la moyenne, selon l'expérience faite par moimême, son produit fut de stères 0,171795 par minute, ce qui fait stères 247,385 par 24 heures, ou pieds cubes de Paris 7217,16.

Belidor rapporte dans son ouvrage, que les Chapelets à seaux établis à Rochefort au nombre de trois avec quatre chevaux, qui tiennent lieu de 20 hommes, donnaient 1296 pieds cubes d'eau en 24 heures à la hauteur de 24 pieds.

L'on n'a qu'à comparer les résultats obtenus par les *Chaînes* ci-dessus, pour voir quel avantage énorme a cette machine aspirante sur le *Chapelet*, puisque dans le premier cas deux hommes à la hauteur de 37 pieds peuvent donner plus du triple, et dans le second un homme à la hauteur de 16 le sextuple environ de l'eau donnée par quatre chevaux, ou 20 hommes à la hauteur de 25 pieds avec trois machines.

Qu'on me permette encore en dernier lieu de demander à ceux qui confondent ces deux machines, pourquoi depuis des siècles que le *Chapelet* ordinaire est connu, on n'a jamais remplacé les *Pompes* par celui-ci? Si l'on ne me répond pas, je dirai que c'est parce que les *Pompes* sur une hauteur un peu considérable sont meilleures que le *Chapelet* et que

la *Chaîne aspirante* est meilleure que les *Pom-*
pes : un suffrage qui le prouve sans réplique,
c'est qu'effectivement on remplace ces der‑
nières avec la *Chaîne.*

En effet, en faisant un petit parallèle entre
les *Pompes* et cette nouvelle machine, on se
persuadera facilement, 1.° Qu'à données éga-
les, le frottement et le poids de l'armure
d'une *Pompe* présente une résistance considérablement plus forte de celle de la *Chaîne.*
2.° Que la vitesse dans celle-ci est constamment double de celle de la *Pompe.* 3.° Que la
Pompe aspirante ne peut pas élever l'eau au-
delà de la hauteur à laquelle la pression atmosphérique peut la faire monter, tandis qu'a-
vec la *Chaîne* on peut multiplier indéfiniment
ces colonnes. 4.° Que dans les Pompes fou-
lantes, lorsque la hauteur à laquelle on élève
l'eau, est considérable, on doit mettre des tubes biens résistans, pour qu'ils ne crèvent pas,
ce qui n'est point nécessaire dans la *Chaîne*
aspirante, quelque soit la hauteur à laquelle
on élève l'eau, puisque le tube ne peut jamais
souffrir que le poids d'une seule colonne de 10
mètres 3 décimètres. 5.° Le prix d'une Pompe, les frais d'entretien sont toujours bien‑

supérieurs à ceux d'une *Chaîne*. 6.º La construction de celle-ci, la réparation de ses dérangemens peuvent s'exécuter par un ouvrier quelconque, tandis que la construction et la réparation des Pompes ne peut appartenir qu'à un mécanicien qui en connaisse la structure. 7.º Enfin la *Chaîne* peut facilement se monter et se démonter; elle peut se rendre portative à l'usage des irrigations et elle peut jouer dans les eaux sales et bourbeuses sans se gâter, propriétés très-utiles qui ne peuvent point appartenir à une Pompe, laquelle a encore le désagrément d'avoir toujours le tube rempli d'eau, ce qui doit la rendre d'un mauvais goût et d'une température élevée dans la saison chaude, tandis que la *Chaîne* se décharge facilement, sans que cette circonstance préjudicie à son effet.

D'après les nombreux défauts que les Pompes présentent comparativement à la *Chaîne aspirante*, on doit convenir qu'on ne s'en sert que faute d'une meilleure machine; car on voit que pour les petites hauteurs on leur préfère ordinairement le *Chapelet* incliné, malgré que son frottement soit bien plus fort, et que ce n'est que pour des hauteurs un peu considérables et pour des petites quantités d'eau qu'on se sert des *Pompes*, puisqu'alors le frottement du *Chapelet*, qui augmente en raison des hauteurs, serait excessif.

J'ai lieu de croire que, d'après le parallèle que je viens de faire, ce ne sera que quelque mécanicien pratique, où quelque ouvrier qui aurait vu le *Chapelet* ordinaire, incapable d'apprécier ce que je viens de rapporter, qui pourrait encore confondre cette machine avec la *Chaîne aspirante*; mais à l'égard de ceux qui ont des connaissances en physique et en hydraulique, ce serait leur faire un tort, que de supposer qu'ils n'apercevront pas les différences essentielles que je viens de faire remarquer.

Le seul cas dans lequel ces derniers pourraient persister à confondre ces deux machines, ce serait en se défiant des expériences que je viens de rapporter, et qui confirment la théorie de la *Chaîne aspirante*; alors il ne me restera qu'à les inviter à consulter eux-mêmes la nature.

Quant à ceux qui prétendraient que cette machine était déjà connue, ils n'ont qu'à m'indiquer l'époque et l'auteur qui a remarqué ce qui précède, et que j'ignorais, pour que je cède la priorité de la découverte et de l'invention.

La nature de la *Chaîne aspirante* et les grands avantages qu'elle présente sur les autres machines hydrauliques connues, font espérer qu'aussitôt que son usage sera un peu répandu, on parviendra à l'appliquer à des combinaisons intéressantes, particulièrement aux *Barques* dérivatoires, destinées à élever l'eau des fleuves et des grandes rivières, dont on n'a pu tirer parti jusqu'à ce jour, à cause du frottement excessif des *Pompes* et du *Chapelet*.

Un autre rapport, sous lequel la *Chaîne aspirante* peut se rendre très-utile, c'est celui d'arroser où il n'y a point des courans d'eau, tandis qu'on en trouve abondamment peu au-dessous du plan des campagnes ; combien de parties du Piémont ne sont-elles pas dans ces circonstances ?

En pratiquant dans ces endroits des puits et des petits réservoirs, il ne sera pas difficile d'obtenir des irrigations conséquentes et capables de rembourser avec usure les frais de la machine et du travail ; car on sait que les prés arrosables donnent un double revenu de ceux qui sont à sec.

Les villes d'Asti, d'Alexandrie etc. sont environnées de jardins qu'on arrose au moyen de puits, que chaque propriétaire y pratique; l'eau est ordinairement d'un à deux mètres au-dessous du plan de la campagne, et pour l'élever on se sert de bascules avec de seaux, ce qui coûte bien du travail et des frais *.

Combien de marais et d'étangs pourront se réduire à culture à l'aide de cette machine, qui ne purent se dessécher avec les *Chapelets* et la *Spirale* d'Archimède, à cause de leur frottement et de leur résistance excessive ?

De quelle utilité ne sera-t-elle pas pour la marine, car, combien de fois des navires doivent faire naufrage par le peu d'effet des machines qu'on emploie pour jeter l'eau à la mer ?

---

* Quelle idée les habitans du nord ne se forment-ils pas d'un beau ciel et d'un climat délicieux où l'on trouve des mirthes, des oranges, des citrons, des grenades, des jasmins et des aloés dans les haies, et cependant dans un pareil climat quand les terres ne sont point arrosées, elles n'offrent que des déserts arides. *Artur Young dans ses voyages en Italie, en parlant de la Provence.*

Ne parviendra-t-on pas aussi avec cette machine à retirer des cavernes et des minières les gaz méphitiques et inflammables, lesquels causent si souvent des malheurs considérables?

Ne pourrait-on pas aussi entrevoir la possibilité de décharger les nuages dans les pluies longues et tranquilles, car les vapeurs condensées qui tombent en pluie ne sont pas si élevées qu'on ne puisse les atteindre?

Enfin il paraît qu'on ne puisse pas tirer un plus grand parti de la pression atmosphérique dans les machines hydrauliques, si ce n'est, peut être, dans le cas qu'on parvienne à imiter ce que la nature fait assez en grand, en élevant l'eau sans tube à des hauteurs très-considérables au moyen de l'action de l'atmosphère dans les trombes de mer.

On regardera probablement ces idées comme dénuées de fondement, cependant si on avait dit, qu'avec une force infiniment petite on aurait élevé une colonne d'eau d'un diamètre quelconque à la hauteur de 10 mètres 3 décimètres, on n'aurait pas manqué de regarder cette proposition comme chimérique, toutefois on a vu que c'est un fait affirmé par la nature.

Les frais que j'ai déjà faits pour l'invention de la *Chaîne aspirante*, pour en connaitre la nature et pour en perfectionner le mécanisme, m'ont détourné de plusieurs autres expériences que je m'étais proposé, relatives à cette machine, et que j'espère de faire dans des circonsances plus favorables.

Je joindrai à ce mémoire les procès-verbaux faits à l'occasion de mes expériences et le rapport des Commissaires de la Societé d'agriculture *.

---

* J'aurais encore désiré le temps de faire quelques expériences avant d'imprimer ce mémoire; cependant j'ai dû en anticiper la publication, parce qu'un jadis horloger qui, sous prétexte d'amitié et ensuite d'association pour la fabrication de *Chaînes aspirantes*, travailla sous ma direction pendant deux années environ à la partie pratique de ma machine, en présenta dernièrement le modèle à M.r le Maire d'Asti, en retirant un certificat de présentation, comme d'une invention propre, et recueillit quelques commissions, entre autres une que j'avais eu moi-même six mois avant et que je n'avais point accepté parcequ'on ne voulut pas me donner la somme de 300 francs que j'avais demandé pour la machine avec le tube en laiton; son usage était destiné à arroger 10 journées (ares 380) de jardin dans la ville d'Asti.

72

Comme je ne doutais point que je me serais associé avec ce mécanicien, à mon retour à Turin, je lui ai fait part de tout, particulièrement des dimensions pour les résultats qu'on désirait, et lui-même, allant à Asti en juin dernier, m'assura que dans le cas qu'on lui en commissionnât l'exécution, il ne s'en serait point chargé sans ma participation.

L'ami qui m'informa de cette supercherie m'écrivit que ce mécanicien prétendait avoir perfectionné ma machine, cependant je n'ai connu cet homme que six mois environ après mon premier procès-verbal, au moyen de M.r Pasta horlogier, qui à l'occasion qu'il vint voir ma nouvelle machine, observant que la grande roue du modèle de la *Barque* dérivatoire était mal exécutée, me dit qu'il avait un ami, qui pour se désennuyer me l'aurait faite en règle et sans intérêt.

Si ce mécanicien prétend que ce perfectionnement se réduise à la roue inférieure qu'il mit à la machine de l'*Eremo*, que je désapprouvai, qu'il sache qu'elle cacha, comme je l'avais prévu, la chaîne de la machine, et que j'ai dû la changer, en y appliquant le système que j'avais alors suggéré. D'ailleurs, pour prétendre au perfectionnement d'une machine, il faut être en règle avec la loi qui le définit.

Cet homme prétend, peut-être, au perfectionnement, parce que, comme il m'a dit plusieurs fois, il s'était occupé pendant long-temps du *Chapelet* ordinaire pour élever l'eau, au bénéfice des irrigations, mais que n'ayant jamais pu obtenir des résultats satisfaisans, il l'avait abandonné ; c'était alors à lui à perfectionner le *Chapelet*, dont il aimait encore la multiplicité des grains, et non après avoir connu , autant qu'il lui était possible , la *Chaîne aspirante*, dont je lui expliquais sans réserve les propriétés.

Je ne conteste à personne l'invention du *Chapelet*, mais j'espère que le contenu dans cet écrit persuadera à qui que ce soit, que l'invention de la *Chaîne aspirante* m'appartient exclusivement, et je ferai usage du privilége que la loi m'accorde.

Procès-verbal d'expérience avec la CHAÎNE
aspirante.

Cejourd'hui quinze septembre de l'an dix-
huit-cent dix, à Turin, dans le local de l'E-
cole des nouveaux poids et mesures, nous
soussignés, ayant assisté aux expériences faites par M.r Castellano sur la *Chaîne aspirante*,
qu'il vient de proposer pour élever les eaux
à une hauteur indéterminée, nous déclarons
que cette machine formée d'un tube vertical
de fer-blanc, de la hauteur d'un mètre et de
cinq centimètres de diamètre, enfoncé dans
l'eau par dix-sept centimètres, ayant reçu par
son ouverture inférieure un bouchon de liége,
introduit dans le tube au moyen d'une roue
qui communiquait le mouvement à la corde
sans fin qui enfilait les bouchons, l'eau monta
dans le tube, et qu'avant que ce bouchon
parvînt à l'ouverture supérieure où il y avait
le déversoir, un autre bouchon entra à soutenir la colonne aspirée par le premier et qu'il
fit verser pendant son ascension, en aspirant
une nouvelle colonne, qu'un autre bouchon etc.
Fait et clos à quatre heures de relevée, le
jour et mois que dessus.

Le Chevalier Charles Malet, Ingénieur en chef des ponts et chaussées dans le département du Pô.

Le Chevalier Vassalli-Eandi, Professeur de physique.

J. Balthassar Galvagno, Conseiller de préfecture.

H. Vernazza, Conseiller de préfecture.

Cardone, Ingénieur, Inspecteur des biens de la Couronne dans les départemens au delà des Alpes.

B. Brunati, Hydraulicien de S. A. I. le Prince Borghese.

M. Paroletti, Législateur.

Guy Gardini, Professeur émérite de physique.

Gensoul, Inventeur de la machine à vapeur pour filer les cocons.

Capel, Mécanicien de l'Académie des sciences.

Ignace Formica, Hydraulicien.

Palis, Commissaire de police *.

---

* C'est à l'occasion de cette expérience que je soutins pour la première fois au Chevalier Mallet, que la *Chaîne aspirante* ne ressentait point sur le disque l'effet de la pression atmosphérique.

Nous avons assisté aux expériences détaillées dans le procès-verbal ci-dessus, aujourd'hui 17 septembre 1810.

L. Paroletti.

Le Commissaire Impérial près la monnaie de
   Turin, George Antoine Gola.

L'Adjudant Commandant L. Bossi, ci-devant
   Chef du Corps du Génie militaire Piémontais.

J'ai vu jouer la machine ci-dessus. Turin,
le 21 septembre 1810.

Le Sous-Préfet d'Aoste (Doire) Martinet.

Gottman, Commandant d'armes en retraite.

Canaveri, Professeur d'anatomie et de physiologie.

Lantourne fils, Sous-Chef de la division de
   guerre et police à la Préfecture du Pô.

A. B. Ceresa, Professeur de droit civil.

Nizzati, Doyen des Avocats.

P. I. Lana, Mécanicien fabricant de pompes.

Nous soussignés déclarons avoir vu jouer
la *Chaîne aspirante* dont ci-dessus avec le diamètre de vingt-cinq millimètres et de la hauteur de mètres un, vingt-cinq centimètres.

Cejourd'hui trente-un octobre dix-huit-cent-onze, à Verceil, dans le Bureau de la Préfecture.

Charles Giulio, Préfet de la Sésia, des Académies des sciences et d'agriculture de Turin.

Le Secrétaire général de la Préfecture, J. Anselmi.

Picco, Conseiller de Préfecture.

Zucchi Mathieu, Ingénieur.

Pierre Martorelli, Ingénieur.

Nicolas Nervi, Ingénieur.

Nel sottosegnato giorno ho veduto in attività il modello di cui sopra, e posso conchiudere risultarmi la macchina aspirante, e non essere un *Rosario.* Novara li 7 novembre 1811.

Stefano Melchioni, Ingegnere in capo dell' Agogna.

Procès-verbal d'expériences publiques faites sur la Chaîne *aspirante et sur la* Barque dérivatoire.

Cejourd'hui premier avril de l'an dix huit-cent onze, à Turin, près de la sortie du canal de l'arsenal dans les fossés de la fortification, à quatre heures de relevée, nous soussignés ayant été invités par M.r Castellano d'assister aux expériences par lui faites sur la *Chaîne aspirante*, machine hydraulique qu'il vient de proposer pour élever des quantités considérables d'eau à une hauteur indéterminée et sur la *Barque dérivatoire*, à laquelle sont appliquées deux *Chaînes aspirantes*, mises en mouvement par une roue à ailes, que le cours de l'eau fait mouvoir, et qui est particulièrement destinée à élever l'eau des fleuves et des rivières sur les campagnes riveraines, nous certifions que ces deux machines, que nous avons examiné et même fait jouer, présentent la plus grande facilité possible pour élever et dériver les eaux, et que la grande simplicité de la *Chaîne aspirante* offre à tous les agriculteurs et manufacturiers une machine très-économique et capable d'être exécutée

par qui que ce soit, et que l'usage de ces
deux machines peut être d'un très-grand avantage pour les arts et pour les progrès de l'a-
griculture.

Fait et clos à Turin, le mois, jour et heure
que dessus.

Députés de la Chambre de commerce,
Nigra, V. P.
Barbaroux, Secrétaire.

Députés de la Société d'Agriculture,
Joseph Nuvolone-Pergamo.
Le Comte Lascaris de Ventimille.
Hyacinthe Vernazza, Conseiller de la Préfec-
ture du Pô.
Joseph Cardon, Inspecteur des biens de la
Couronne.

Députés de la Société d'Agriculture pratique,
Charles Cajétan Revelli, Administrateur en
chef de la Société.
Jean Clarotti, Secrétaire général.
Joseph Visetti, Hydraulicien.

Députés de la Société Hydrographique,
Joseph Ottino, Hydraulicien.
L. Panizza, Ingénieur.

Chiavarina, Député au Corps législatif.

M. Paroletti, Membre du Corps législatif.

Victor Paciotti, Membre du Conseil municipal.

Victor Brun, Professeur de droit français.

Joseph Gastinelli, Juge de paix de Turin, section de la Doire, Inspecteur de l'Académie de jurisprudence.

Louis Filippi, Professeur de pathologie externe.

F. Balthassar Galvagno, Conseiller de Préfecture.

Pierre François Nizzati, Membre du Conseil général de département.

Louis Colla, Avocat collégié, Membre du Conseil général du département et de la Société d'agriculture.

Rapport à Messieurs le Président et les Membres de la Société d'Agriculture, fait dans la séance du 13 avril 1811.

D'après la commission que cette Société nous a donné par son procès-verbal du 25 février dernier, d'assister aux expériences de M.r Castellano notre collègue, sur la nouvelle machine hydraulique qu'il nomme *Chaîne aspirante* et sur la *Barque* à laquelle il a appliqué le nom de *dérivatoire*, nous nons empressons, Messieurs, de vous faire connaître le résultat de notre mission.

La *Chaîne aspirante* est formée d'un tube de fer-blanc d'un mètre de hauteur (2 pieds de Piémont) et de 5 centimètres de diamètre (onces 1 et 1|6).

Deux roues, dont la périphérie est tangente au centre du tube, font tourner une corde sans fin, qui passe par le même tube, et qui est garnie de quatre disques de cuir contenus par deux autres disques de laiton, placés à huit décimètres environ l'un de l'autre (pieds 1. 6). La puissance était appliquée à la roue supérieure au tube, pendant que l'inférieure ne servait qu'à diriger les disques dans l'entonnoir formé par le bout du tube qui plongeait dans l'eau.

Cette machine d'une construction très-simple, quoique ressemblante au Chapelet vertical, dont les auteurs d'hydraulique donnent la description, nous paraît en différer essentiellement, comme nous l'observerons plus bas.

Ayant mis en mouvement la machine au moyen de la manivelle appliquée à la roue supérieure, il en est sorti, eu égard à la petitesse de ses dimensions et au peu de force employée, une masse d'eau très abondante, et M.r Castellano nous a dit que, d'après des expériences réitérées, il lui est résulté qu'avec un mètre de vitesse, qu'on peut lui imprimer facilement, on obtiendrait 290 mètres cubes d'eau environ (40 toises) en 24 heures, ce qui fournirait le moyen d'arroser une étendue de terrain d'un demi hectare (journées 1. 31).

Nous priâmes ensuite M.r Castellano de nous faire connaître le principe par lequel la machine agissait et la hauteur à laquelle elle aurait pu élever l'eau. Ses raisons nous ont convaincu que la machine est entièrement aspirante, et qu'elle peut élever l'eau à la hauteur de 10 mètres (32 pieds de Paris environ) d'un premier coup, et que les disques peuvent avoir cette même distance sans en affaiblir l'effet ; qu'une première colonne étant élevée, un nouveau disque entre par la partie inférieure du tube et vient l'élever, tandis qu'il en aspire une nouvelle, opération qui se répète successivement sans la moindre difficulté ; et qu'au moyen de cette méthode l'eau peut s'élever à une hauteur illimitée.

Ensuite M.r Castellano nous fit remarquer que le peu de hauteur dans l'eau qu'on voudrait élever n'est jamais un obstacle à ce que la machine n'ait tout son effet, attendu qu'au moyen de sa qualité aspirante, la plus petite immersion du tube dans l'eau est suffisante, circonstance qui rend cette invention très-utile à l'agriculture et sous ce rapport et sous celui de la modique depense avec laquelle on peut se la procurer.

Nous observames aussi que le sifflement que produit l'air aussitôt qu'on cesse de faire jouer cette machine et qui est l'effet de son passage entre les disques et le tube, doit prouver qu'il n'y a presque point de frottement à vaincre, et ce frottement diminue encore en raison de la plus grande distance des disques, dont le *maximum* peut être de 10 mètres (trab. 3. 2), comme nous l'avons dit plus haut.

Nous avons été réellement surpris du peu de résistance que la machine présentait pour être mise en mouvement, eu égard à la colonne d'eau qu'elle procurait sans interruption. Le frottement y était presque nul; et la résistance moyenne n'était que de la moitié de la colonne contenue dans le tube, qui était de deux kilogrammes environ (livres 5. 5 de Piémont').

Il nous reste à parler de la *Barque* dérivatoire. Cette machine, qui est parfaitement indiquée par sa dénomination, est destinée à dériver l'eau des fleuves, des rivières et canaux, sans y pratiquer des barrages ou écluses. Une grande roue à aile mise en mouvement par l'eau même du fleuve, ou rivière, met à son tour en mouvement, au moyen des roues qui s'engrènent, deux de ces mêmes Chaînes aspirantes, dont nous avons parlé, lesquelles plongeant dans l'eau, l'élèvent au moyen de deux tubes, qui la versent ensuite dans un canal destiné à la conduire sur le rivage où existe le fossé qui doit servir à l'irrigation.

D'après ce que nous venons d'exposer sur la *Chaîne aspirante*, nous croyons inutile de vous entretenir de la facilité avec laquelle ces deux Chaînes élevaient l'eau du canal, sur lequel posait la Barque; nous nous bornerons à vous observer que le modèle sur lequel l'auteur fit ses expériences est du dixième pour les dimensions linéaires, et qu'il nous a paru qu'une telle machine pourrait arroser chaque 15 jours 60 journées de prairies élevées de six mètres (2 trabucs) sur les eaux moyennes de la rivière.

Enfin M.r Castellano nous fit encore remarquer qu'on pourrait à très-peu de frais étendre l'usage de la *Chaîne aspirante* pour les arrosemens, en pratiquant des tubes en bois et rendant la machine portatile, de manière que l'agriculteur pût l'appliquer indifféremment par tout où il pourrait élever de l'eau au bénéfice des terres.

Nous finirons ce rapport en observant que la construction de la machine réduite par son auteur à la plus grande simplicité, et son application aux fleuves, rivières et canaux doit être aussi facile que d'un grand bénéfice à notre agriculture et même aux arts, de manière que vos Commissaires sont d'avis que cette Société, en rendant justice à M.r Castellano qui en est l'inventeur, doit faire de sa part tout ce qui est possible pour introduire l'usage de ces machines hydrauliques, en les proposant au Gouvernement par le moyen de M.r le Préfet, et en publiant à ses frais le mémoire de M.r Castellano, pour que tout le monde puisse profiter de cette ingénieuse invention, qui ne peut qu'être de la plus grande utilité *.

Signés J. Nuvollone-Pergamo.

Jérôme Tesio Valoria, Docteur agrégé en médecine.

Augustin Lascaris de Ventimille, Rapporteur.

Joseph Cardone, Inspecteur des biens de la Couronne.

Hyacinthe Vernazza, Conseiller de Préfecture.

---

* Le même plan qui unissait et qui servait de fond aux deux Barques, formait aussi le fond du canal qui les séparait, et dont la section était d'un décimètre carré un peu abondant. Cette machine fit jouer pendant une heure environ les deux *Chaînes* aspirantes, dont les tubes avaient 3 centimètres de diamètre et 70 de longueur; mais comme les dents de la grande roue, qui engrenaient dans deux pignons, ainsi que ses ailes, étaient en bois, l'humidité les grossit de manière, que leur précision même causa facilement une résistance, que le courant ne put plus vaincre. L'ignorance de cette circonstance fit que plusieurs personnes, qui ne virent la machine que dans cet état, se persuadèrent, mal à propos, que la résistance des deux *Chaînes* aspirantes fut la cause de son inaction.

Procès-verbal.

Cejourd'hui vingt-deux mai de l'an dix-huit-cent onze, à Quiers, à six heures du matin, dans le local de l'école établie par le Gouvernement par son arrêté du . . . . pour extraire l'Indico du guède, ci devant couvent dit de S.t André, nous soussignés ayant été priés par M.r Castellano, ancien Professeur de mathématiques à l'Université de Turin, d'examiner sa nouvelle machine hydraulique qu'il appelle *Chaîne aspirante*, et qu'il fit construire pour le service de l'école, nous certifions que cette machine, dont le tube de fer-blanc est de la longueur de mètres 14 (trab. 4. 3. 6) et de 5 centimètres de diamètre (onces 1. 2), plongeait dans l'eau par 3 mètres (trab. 1), et qu'à l'aide d'un homme qui faisait jouer une manivelle qui imprimait le mouvement à la roue sur laquelle tournait la corde enfilée dans le tube, laquelle était armée de quatre disques, dont deux étaient à la distance de mètres 9,75 (trab. 3. 1), l'eau montait du puits au moyen du tube à la hauteur de mètres 11 (trab. 3. 4), et donnait un jet continu proportionné à la grandeur du tube.

Fait et clos a Quiers le jour et heure que dessus.

A. Giobert, Directeur de l'école de Quiers, qui déclare que la machine est en pleine activité et sert aux opérations, fournissant l'eau nécessaire.

Guy S. Martin Chiesanova, Membre de la Commission administrative des hospices de cette ville, confirmant ce que dessus.

Goffi, Maire.

David Levi, Adjoint Maire.

Gayotti Charles, Membre du Conseil municipal.

V. M. Delfini, Principal du collége et Régent de mathématiques à Quiers.

L'Auteur a satisfait aux obligations prescrites par la loi.

RÉSULTATS

Des expériences sur l'effet de la pression atmosphérique sur le corps qui opère le vide dans les machines aspirantes.

For every "Poids de … colonnes" group the two sub-columns give **Temps de l'aspiration et hauteur de l'équilibre**.

Vitesse dans le frottement par seconde	Temps du frottement à parcourir Cent. 726	Poids d'une colonne		Addit. d'une colonne	Poids de 2 colonnes		Addit. d'une colonne	Poids de 3 colonnes		Addit. d'une colonne	Poids de 4 colonnes		Addit. d'une colonne	Poids de 5 colonnes		Addit. d'une colonne	Poids de 6 colonnes		Addit. d'une colonne
Mètres	Min. 2.es	Min. 2.	Centi.	Min. 2.	Min. 2.	Centi.	Min. 2.	Min. 2.	Centi.	Min. 2.	Min. 2.	Centi.	Min. 2.	Min. 2.	Centi.	Min. 2.	Min. 2.	Centi.	Min. 2.
,452	0 1|2	1	70	0 1|4	0 1|2	-	0 1|4	0 1|2	-	-	-	-	-	-	-	-	1	-	-
,726	1	1 1|2	65	0 1|3	1	-	0 1|2	1	-	1	1 1|2	-	1	1 1|2	-	1	1 1|2	-	-
,484	1 1|2	-	-	-	1 1|2	-	0 1|2	1 1|2	-	1	2	-	1	2	-	1 1|2	2	-	1
,368	2	4	40	-	2	-	0 3|4	2	-	1 1|2	-	-	-	2 1|2	-	-	2 1|2	-	1 1|2
,290	2 1|2	-	-	-	3 1|2	-	1	3	-	1 1|2	3	-	1 1|2	-	-	-	3	-	-
,242	3	5	36	1	5	-	1 1|2	4	-	-	-	-	2	3 1|2	-	-	-	-	-
,206	3 1|2	12	34	-	-	-	-	-	-	-	4	-	-	-	-	-	4 1|2	-	2
,182	4	-	-	2	7	-	2	-	-	2 1|2	-	-	-	-	-	-	-	-	-
,161	4 1|2	15	30	1	10	-	1 1|2	6 1|2	-	-	-	-	-	-	-	-	-	-	-
,145	5	-	-	-	8	-	2	-	-	-	-	-	-	-	-	-	-	-	-
,121	6	20	37	1 1|2	9	-	2 1|2	-	-	-	14	-	1 1|2	6 1|2	-	3	6 1|2	-	4
,103	7	-	-	-	24	-	3	18	43	1 1|2	-	-	-	-	-	-	12	-	-
,097	7 1|2	27	55	1 1|2	-	-	-	-	-	-	-	-	-	-	-	-	-	-	-
,091	8	-	-	-	-	-	3 1|2	15	43	3 1|2	10	-	4 1|2	16	-	3	13	-	-
,085	8 1|2	-	-	-	16	-	3 1|2	25	31	4	-	-	-	-	-	-	-	-	-
,081	9	-	-	-	20	-	4	-	-	-	-	-	-	26	-	2 1|2	15	40	-
,073	10	15	31	2 1|2	25	61	4	-	-	-	-	-	-	25	-	5	-	-	-
,063	11 1|2	17	28	2	-	-	-	-	-	-	-	-	-	16	-	6 1|2	-	-	-
,061	12	20	48	2 1|2	35	66	4	-	-	-	-	-	-	-	-	-	-	-	-
,056	13	-	-	-	-	-	-	-	-	-	28	-	3	12	51	3	-	-	-
,048	15	33	38 1|2	3 1|2	-	-	-	-	-	-	-	-	-	1	27	3	-	-	-
,045	16	-	-	-	-	-	-	30	40	4	40	-	5	17	42	9	-	-	-
,040	18	-	-	-	-	-	-	-	-	-	45	-	5	-	-	-	-	-	-
,036	20	-	-	-	42	41	5	-	-	-	-	-	5	-	-	-	-	-	-
,033	22	-	-	-	30	22	5	46	-	5	-	-	-	-	-	-	-	-	-
,028	26	-	-	-	-	-	-	-	-	-	5	22	12	-	-	-	-	-	-
,024	30	-	-	-	32	29	4 1|2	-	-	-	25	31	12	-	-	-	-	-	-
,021	35	35	28 1|2	5 1|2	-	-	-	13	21	8	-	-	-	-	-	-	-	-	-
,020	36	36	26	2	-	-	-	15	18	12	-	-	-	-	-	-	-	-	-
,018	41	-	-	-	18	22	8	-	-	-	-	-	-	-	-	-	-	-	-
,013	55	-	-	-	68	49	12	-	-	-	-	-	-	-	-	-	-	-	-
,011	64	10	16	-	-	-	-	-	-	-	-	-	-	-	-	-	-	-	-
,009	79	40	15	10	-	-	-	-	-	-	-	-	-	-	-	-	-	-	-
,006	125	65	16 1|2	9	-	-	-	-	-	-	-	-	-	-	-	-	-	-	-
	0	3	24																
	0	2	23																
	0	6	21																
	0	7	17																
	0	50	9 1	2	14															
	0	25	5																

Résultats obtenus avec un Tube qui était le mieux calibré de 10 millimètres de diamètre.

Vitesse dans le frottement	Temps du frottement	Poids d'une colonne		Addit. d'une colonne
		Temps de l'aspiration et hauteur de l'équilibre		
Mètres	Min. 2.es	Min. 2.	Centi.	Min. 2.
1,452	0 1|2	1	55	0 1|3
0,726	1	1	48	0 1|2
0,363	2	1	45	1
0,182	4	1	40	1
0,121	6	1	37	1

OBSERVATIONS.

Je me suis servi de trois tubes de cristal ; le premier avait 4 millimètres de diamètre, le second en avait 9, et le troisième 10 ; le poids de la première colonne atmosphérique était de Gr. 129, la seconde de 656, et la troisième de 809 ; un quatrième tube qui se cassa, me donna les résultats qu'on voit isolés.

La hauteur de l'aspiration du mercure était de mètres 0,726 (pouces 26. 10).

Les résultats indiqués zéro dans la vitesse et dans le temps sont ceux, dans lesquels la puissance ne put pas vaincre le frottement.

Lorsque dans le frottement il n'y a qu'une ou une demie-minute 2.e, il est difficile qu'avec une seule colonne de puissance l'aspiration ait lieu, à cause de la porosité des bouchons.

L'addition d'une colonne ne correspondait pas rigoureusement à ce poids, ayant égard au plus grand frottement qu'elle causait aux deux petites poulies, sur lesquelles tournait la corde ; cependant cette diminution, outre d'être peu sensible, serait favorable au but de l'expérience ; la même observation peut avoir lieu pour les autres poids appliqués comme puissance.

Les anomalies qu'on observe paraissent devoir être attribuées à la différente tension de la corde, lorsque la puissance était rendue libre, à la brièveté du temps, à la difficulté de le mesurer exactement, et sur-tout au peu d'uniformité des tubes.